Este manual está dedicado a la memoria de

Diti Hengchaovanich

Ingeniero Geotécnico

de

Tailandia.

El fue pionero en el uso de vetiver a gran escala para
la estabilización de autopistas y por muchos años un muy
valioso contribuyente a The Vetiver Network International.
Diti será recordado por muchos con gratitud.

Edición en Español 2009

Publicado por The Vetiver Network International

Traducido por el profesor Oscar Simón Rodríguez P. y revisado por los profesores Gerardo Yépez Tamayo y Oscar Silva Escobar de la Facultad de Agronomía, Universidad Central de Venezuela

Carátula de Lily Grimshaw

APLICACIONES DEL SISTEMA VETIVER
MANUAL TÉCNICO DE REFERENCIA

PREFACIO

Pocas de las plantas existentes poseen los atributos únicos del pasto vetiver tales como: sus múltiples usos, ser ambientalmente amigable, y ser de uso fácil y efectivo. Igualmente, pocas de las plantas existentes que se conocen y que han sido utilizadas por siglos, han tenido tanta promoción como el pasto vetiver, y en consecuencia esta planta ha sido utilizada ampliamente en todo el mundo en los últimos 20 años. Y mucho menos han sido consideradas como "Pasto Milagroso", "Pasto Maravilloso" capaz de crear una pared viva, una franja de filtración viva y un "pilote viviente" de refuerzo.

Se denomina Sistema Vetiver (SV) el uso de una planta tropical muy particular, el pasto vetiver recientemente reclasificado como *Chrysopogon zizanioides,* antes *Vetiveria zizanioides[1]*. Esta planta puede desarrollarse en un amplio rango de condiciones climáticas, y si se siembra correctamente puede ser usada virtualmente en cualquier sitio de clima tropical, subtropical o mediterráneo. Posee características que en su totalidad son únicas para una especie particular. Cuando se siembra en forma de barreras estrechas autosostenibles exhibe características especiales que son intrínsecas a muchas de las diferentes aplicaciones que comprende el Sistema Vetiver.

La especie *Chrysopogon zizanioides*, que es promovida en cerca de 100 países para aplicaciones del SV, es originaria del sur de la India, es estéril, no invasora y tiene que ser propagada por divisiones de la macolla. El método preferido para la multiplicación de plantas en viveros es a raíz desnuda. La tasa de multiplicación promedio puede variar, pero en un vivero, es alrededor de 1:30 en tres meses. Las macollas de plantas madres se dividen en semilla vegetativa de 3 brotes cada una, y se siembran a 15 cm de distancia en hileras en contorno para formar, cuando maduren, una barrera de pasto firme que actúa como amortiguadora y difusora del agua que corre hacia abajo de una pendiente, y que filtra los sedimentos. Una buena barrera puede reducir la escorrentía de la lluvia en un 70% y la carga de sedimentos en un 90%. La barrera va a permanecer donde se plante y el sedimento que se acumula gradualmente detrás de ella va a formar una terraza de larga duración protegida por el vetiver. Es una tecnología de bajo costo, que requiere mano de obra intensiva (asociada con el costo de la mano de obra) con relaciones beneficio:costo muy altas. Cuando se utiliza en la protección de obras civiles su costo es alrededor de 1/20 de los sistemas y diseños de ingeniería tradicionales. Los ingenieros asemejan las raíces del vetiver con un "pilote viviente del suelo" que tiene un promedio de fuerza de tensión de 1/6 del acero blando.

El vetiver puede ser utilizado como un producto generador de ingresos en las fincas, o puede ser utilizado directamente en aplicaciones para proteger las cuencas hidrográficas y los cauces de los ríos para contrarestar de daños ambientales, particularmente en lo referente a problemas ambientales puntuales como: 1. flujos de sedimentos y 2. excesos de nutrientes, metales pesados y biocidas en lixiviados de fuentes tóxicas. Estos dos usos principales están estrechamente relacionados.

Los resultados de numerosos ensayos y aplicaciones masivas del vetiver en los últimos veinte años han demostrado que este pasto es particularmente efectivo en la reducción de desastres naturales (inundaciones, deslizamientos, fallas de borde en carreteras, bancos de río, canales de irrigación y erosión costera, estructuras de retención de agua, etc.); protección ambiental (reducción de contaminación de suelos y agua, tratamiento

1 Nota: Aclaratoria del traductor

de desechos sólidos y líquidos, mejoramiento de suelos etc.); y muchos otros usos. Todas estas aplicaciones pueden impactar positivamente, directa o indirectamente la pobreza rural, ya sea a través de la protección o la rehabilitación de las tierras agrícolas, proveyendo una mayor retención de humedad y de mayores ingresos directos a la finca, o indirectamente protegiendo la infraestructura rural.

El Sistema Vetiver puede ser usado por la mayoría de los sectores involucrados en desarrollo rural y comunitario; su uso debe ser incorporado, cuando sea apropiado, en los planes de desarrollo para las comunidades, municipios o regiones. Si todos los sectores lo utilizan, se presentará una oportunidad para los productores del pasto vetiver, tanto pequeños como grandes, de utilizar el SV como una actividad generadora de ingresos, ya sea produciendo material para la siembra, como contratos a paisajistas para la estabilización de taludes y otras necesidades, o vendiendo productos derivados como artesanías, mulch, cobertura para techos, forraje y otros materiales. Es por tanto una tecnología que puede iniciar un paso que contribuye a alejar de la pobreza a un importante segmento de la comunidad. La tecnología es de dominio público y la información es gratis.

No obstante, el potencial de aplicación del vetiver permanece latente, y es necesario alentar y hacer disponible al público la necesidad de utilizarlo. Adicionalmente, existe cierto rechazo, preocupación, e incluso duda acerca del valor y de la efectividad del pasto vetiver. En la mayoría de los casos las fallas al usar el pasto vetiver se deben más al inapropiado conocimiento o a la aplicación incorrecta que al Sistema Vetiver en sí mismo.

Este manual es integral, detallado y práctico. El mismo se basa en trabajos que se están llevando a cabo en Vietnam y otros lugares del mundo. Sus observaciones y recomendaciones técnicas se basan en situaciones de la vida real, sus problemas y sus soluciones. Se espera que sea usado frecuentemente por aquellas personas que utilizan y promueven el Sistema Vetiver, y esperamos que sea traducido a muchas lenguas. Queremos agradecer a los autores por un trabajo bien realizado.

Este manual fue inicialmente compilado tanto en inglés como en vietnamita, pero la oportunidad de imprimirlo en vietnamita se presentó primero; ambas versiones estan siendo publicadas en este momento. Existe el compromiso de traducir este manual al chino, francés y español en un futuro cercano.

Dick Grimshaw
Fundador y Directivo de The Vetiver Network International.

PRESENTACIÓN

Basados en la revisión de vastas cantidades de resultados de investigación y aplicación del pasto vetiver, los autores sintieron que ya era tiempo de compilar una nueva versión para remplazar el primer manual publicado por el Banco Mundial (1987), Pasto Vetiver-La barrera contra la erosión (conocido comúnmente como el librito verde), escrito por John Greenfield. El nuevo manual cubre una mayor variedad de aplicaciones del pasto vetiver. Los autores han compartido esta idea y han recibido un apoyo entusiasta de *The Vetiver Network International-TVNI. Las ediciones en inglés y vietnamita serán impresas primero.*

Este manual incluye aplicaciones del Sistema Vetiver en estabilización de tierras y protección de infraestructura, tratamiento y disposición de desechos y aguas contaminadas y la rehabilitación y fitorremediación de tierras contaminadas. En forma similar al librito verde, este manual muestra los principios y métodos de varias aplicaciones del SV en los usos mencionados arriba. Este manual también incluye los resultados más actualizados en investigación y desarrollo, y numerosos ejemplos de resultados muy exitosos alrededor del mundo. El objetivo principal de este manual es introducir el SV a planificadores e ingenieros de diseño y a otros usuarios potenciales, que a menudo no están en conocimiento de la efectividad de los métodos de la bioingeniería y la fitorremediación.

Paul Truong, Tran Tan Van y Elise Pinners,
Los autores.

AUTORES

Dr Paul Truong
Director, The Vetiver Network International, responsable de la región Asia y Pacífico, y Director de Veticon Consulting. El ha realizado una extensa actividad en investigación y desarrollo en los últimos 18 años y en aplicaciones del SV con fines de protección ambiental. Ha sido pionero en investigación sobre la tolerancia del pasto vetiver a condiciones adversas, tolerancia a metales pesados y en control de contaminación ha establecido los valores críticos en las aplicaciones del SV en desechos tóxicos, rehabilitación de minas y tratamiento de desechos, por los cuales ha merecido numerosas premiaciones del Banco Mundial y del Rey de Tailandia.

Dr Tran Tan Van
Coordinador de la Red del Vetiver en Vietnam (VNVN). Como Vice-Director del Instituto de Geociencias y Recursos Minerales (VIGMR) en Vietnam, ha estado a cargo de las recomendaciones para la mitigación de desastres naturales. Desde la introducción del Sistema Vetiver hace seis años, se ha convertido no solo en un excelente practicante del Sistema Vetiver, sino también en un líder estratégico, como coordinador de la Red del Vetiver en Vietnam (VNVN). En estos seis años ha contribuido enormemente en la amplia adopción del SV en Vietnam, ahora presente en cerca de 40 de las 64 provincias, promovido por diferentes ministerios, ONGs, y compañías. El comenzó la introducción del SV con la estabilización de dunas costeras, y en el presente incluye mitigación de daños por inundaciones en bancos de río y costas, diques marinos, diques anti-salinidad y diques de ríos, protección de taludes y bordes de carreteras contra la erosión y los deslizamientos, y aplicaciones para mitigar la contaminación de los suelos y el agua. Fue recompensado con el prestigioso premio Campeón Vetiver de The Vetiver Network International en el 2006 en la Cuarta Conferencia Internacional sobre Vetiver en Caracas, Venezuela.

Ir. Elise Pinners
Directora Asociada de The Vetiver Network International, quien comenzó trabajando con el Sistema Vetiver en Camerún al final de los noventa, en proyectos agrícolas y de vialidad rural. Desde su llegada a Vietnam en 2001, como asesora de VNVN ha contribuido al desarrollo y promoción de VNVN (Red del Vetiver en Vietnam) e internacionalmente, mediante asesoría organizacional, dando apoyo en la consecución de fondos, y por la introducción del SV a los mundialmente renombrados ingenieros de costas holandeses. Ella participó en la realización del primer proyecto de VNVN, auspiciado por la Real Embajada de Los Países Bajos, sobre estabilización de dunas y otras aplicaciones en Quang Binh y Da Nang. En el último año y medio ha trabajado para Agrifood Consulting International (ACI) en Hanoi. Se muda a Kenya en el verano de 2007, donde intenta continuar contribuyendo en la promoción y desarrollo del Sistema Vetiver.

Aunque los tres autores han contribuido en la redacción y edición de las cinco partes de este manual, su participación fue:
- Parte 1, 2 y 4 - Paul Truong
- Parte 3 - Tran Tan Van y
- Parte 5 - Elise Pinners.

AGRADECIMIENTOS

La Red del Vetiver de Vietnam agradece a la Real Embajada de los Países Bajos por patrocinar la preparación y publicación de este manual. VNVN también agradece a la Universidad de Recursos del Agua de Hanoi por apoyar la publicación y promoción de la edición vietnamita.

La mayoría de los trabajos de investigación y desarrollo en Vietnam reportados en este manual recibieron apoyo financiero de la Donner Foundation, la Wallace Genetic Foundation en EEUU, de Ambertone Trust en el Reino Unido, el gobierno de Dinamarca, la Real Embajada de los Países Bajos, y de The Vetiver Network International. Estamos muy agradecidos por su apoyo y aliento.

VNVN agradece el gentil apoyo de la Universidad Can Tho, en particular al Profesor, Rector Le Quang Minh, Universidad de Agroforestería Ho Chi Minh, Ministerio de Recursos Naturales y Ambiente, y especialmente a la Unión Vietnamita de Asociaciones de Ciencia y Tecnología(VUSTA), quienes organizaron la evaluación de la versión vietnamita de este manual.

VNVN también aprecia el aliento y apoyo entusiasta de todos los usuarios del vetiver en las provincias.

Los materiales usados en este manual no solo fueron extraídos de trabajos de investigación y desarrollo de los autores, sino también de colegas que trabajan con vetiver alrededor del mundo, particularmente en Vietnam en los últimos años. Los autores agradecen las contribuciones de:
- Australia: Cameron Smeal, Ian Percy, Ralph Ash, Frank Mason, Barbara y Ron Hart, Errol Copley, Bruce Carey, Darryl Evans, Clive Knowles-Jackson, Bill Steentsma, Jim Klein y Peter Pearce
- China: Liyu Xu, Hanping Xia, Liao Xindi, Wensheng Shu
- Congo: (DRC) Dale Rachmeler, Alain Ndona
- India: P. Haridas
- Indonesia: David Booth
- Laos: Werner Stur
- Mali, Senegal y Marruecos: Criss Juliard
- Los Países Bajos: Henk-Jan Verhagen
- Filipinas: Eddie Balbarino, Noah Manarang
- Sur África: Roley Nofke, Johnnie van den Berg
- Taiwan: Yue Wen Wang
- Tailandia: Narong Chomchalow, Diti Hengchaovanich, Surapol Sanguankaeo, Suwanna Pasiri, Reinhardt Howeler, Departmento de Desarrollo de Tierras, Oficina de Proyectos de Desarrollo Real
- The Vetiver Network International: Dick Grimshaw, John Greenfield, Dale Rachmeler, Criss Juliard, Mike Pease, Joan y Jim Smyle, Mark Dafforn, Bob Adams.
- Vietnam:
  - Centro de Extensión Agrícola, Departamento de Desarrollo Rural y Agrícola, Quang Ngai Provincia: Vo Thanh Thuy;
  - Universidad Can Tho: Le Viet Dung, Luu Thai Danh, Le Van Be, Nguyen Van Mi, Le Thanh Phong,

Duong Minh, Le Van Hon;
- Universidad de Agroforestería Ciudad Ho Chi Minh: Pham Hong Duc Phuoc, Le Van Du;
- Kellogg Brown Root (KBR), principal contratista de la AusAID que financió el proyecto de mitigación de desastres naturales en Quang Ngai provincia: Ian Sobey;
- Thien Sinh y Thien An Co. Ltd, principales contratistas para la plantación de vetiver a lo largo de la autopista Ho Chi Minh Highway: Tran Ngoc Lam y Nguyen Tuan An.

Los autores también desean agradecer a Mary Wilkowski (Hawaii VN), John Greenfield y Dick Grimshaw por la edición de la versión en inglés.

Finalmente, los autores agradecen el trabajo de traducción al español realizado por el profesor Oscar Simón Rodríguez P. y revisado por los profesores Gerardo Yépez Tamayo y Oscar Silva Escobar de la Facultad de Agronomía, Universidad Central de Venezuela

CONTENIDO

Este manual consta de cinco partes separadas. Es posible utilizar solamente una parte para un grupo específico de aplicaciones, pero se recomienda enfáticamente incluir siempre la Parte 1, ya que otras partes hacen con frecuencia referencia a las características del vetiver que son relevantes para las diferentes aplicaciones. En la mayoría de los casos es útil también incluir la Parte 2.

Para mayores detalles y actualizaciones en cualquiera de los temas en este manual, por favor revise en www.vetiver.org, en donde encontrará numerosos enlaces a todos los temas relevantes.

PARTE 1 - LA PLANTA DE VETIVER

CONTENIDO

1. INTRODUCCIÓN

El Sistema Vetiver , el cual se basa en la utilización del pasto vetiver (*Vetiveria zizanioides* L Nash, ahora reclasificado como *Chrysopogon zizanioides* L Roberty), fue inicialmente desarrollado por el Banco Mundial para la conservación de suelos y agua en la India a mediados de los años ochenta. Mientras esta aplicación todavía juega un papel vital en el manejo de las tierras agrícolas, la investigación y desarrollo-I&D llevada a cabo en los últimos veinte años ha demostrado claramente que, debido a la extraordinarias características del pasto vetiver, el SV puede ser usado como una técnica de bioingeniería para la estabilización de taludes inclinados, la disposición de aguas servidas, la fitoremediación de tierras y aguas contaminadas, y otras aplicaciones en protección ambiental.

¿Qué hace el Sistema vetiver y cómo trabaja?
El SV es un medio muy simple, práctico, económico, de bajo mantenimiento y muy efectivo para la conservación de suelos y agua, control de la sedimentación, estabilización y rehabilitación de tierras, y fitorremediación. Siendo una medida biológica, es también ambientalmente amigable. Cuando es plantado en hileras simples forma una barrera que es muy efectiva en atenuar y dispersar las aguas de escorrentía, reduciendo la erosión, conservando la humedad y atrapando sedimentos y agroquímicos en el sitio. Aunque cualquier barrera puede hacer eso, el pasto vetiver, debido a sus características morfológicas y fisiológicas únicas mencionadas abajo, lo puede hacer mejor que otros sistemas evaluados. Adicionalmente, el sistema de raíces extremadamente profundo, masivo y denso amarra el suelo y al mismo tiempo impide que sea separado por flujos de agua de alta velocidad. El sistema de raíces muy profundo y de rápido crecimiento hace también al vetiver muy tolerante a la sequía y muy apto para la estabilización de taludes inclinados.

El manual para extensionistas, o el librito verde
El versátil librito verde de bolsillo para extensionistas, publicado por primera vez por el Banco Mundial en 1987 Vetiver-La barrera contra la erosión, conocido como el librito verde de John Greenfield, es complementario de este manual técnico. El presente manual es bastante más técnico en sus descripciones del Sistema Vetiver y está dirigido a técnicos, académicos, planificadores, inversionistas y funcionarios de gobierno. Para los agricultores y los extensionistas en el campo, el pequeño libro verde de bolsillo es todavía el manual de campo ideal.

2. CARACTERÍSTICAS ESPECIALES DE LA PLANTA DE VETIVER

2.1 Características morfológicas:

- La planta de vetiver no tiene estolones ni rizomas funcionales. Su sistema de raíces finas y compactas crece muy rápido, en algunas aplicaciones puede alcanzar entre 3 y 4 m de profundidad en el primer año. Este profundo sistema de raíces hace que la planta de vetiver sea extremadamente tolerante a las sequías y difícil de arrancar por fuertes corrientes.
- Tallos firmes y erguidos, que pueden soportar flujos de agua relativamente profundos. - Foto 1.
- Muy resistente a plagas, enfermedades y al fuego - Foto 2.
- Forma una barrera densa cuando es plantado a corta distancia actuando como un filtro muy efectivo de los sedimentos y como un dispersor del agua de escorrentía.
- Nuevos brotes se forman desde la corona subterránea haciendo al vetiver resistente al fuego, heladas, tráfico y alta presión de pastoreo.
- Cuando es enterrado por los sedimentos atrapados, crecen nuevas raíces desde los nudos. El vetier continuará creciendo hacia arriba con los sedimentos depositados formando eventualmente terrazas, si el sedimento atrapado no es removido.

Foto 1: Tallos erguidos y firmes forman una densa barrera cuando el vetiver es plantado a corta distancia.

2.2 Características fisiológicas

- Tolerancia a variaciones climáticas extremas como sequía prolongada, inundaciones, sumersión y temperaturas extremas de -15°C a +55°C.
- Habilidad para rebrotar rápidamente después de haber sido afectado por sequías, heladas, salinidad y otras condiciones adversas al mejorar las condiciones del tiempo o se añadan correctivos al suelo.
- Tolerancia a un amplio rango de pH desde 3.3 a 12.5 sin enmiendas del suelo.
- Alto nivel de tolerancia a herbicidas y plaguicidas.
- Alta eficiencia en absorber nutrientes tales como N y P y metales pesados en aguas contaminadas.
- Muy tolerante a medios de crecimiento altos en acidez, alcalinidad, salinidad, sodicidad y Mg.
- Alta tolerancia al Al, Mn y metales pesados tales como As, Cd, Cr, Ni, Pb, Hg, Se y Zn en los suelos.

2.3 Características ecológicas

Aunque el vetiver es muy tolerante a ciertas condiciones extremas de suelo y clima mencionadas arriba, como pasto tropical es muy intolerante a la sombra. La sombra reduce su crecimiento y en casos extremos, puede incluso eliminar el vetiver en el largo plazo. Por lo tanto el vetiver crece mejor en espacios abiertos y libres de malezas, siendo necesario el control de malezas en la etapa de establecimiento. En terrenos erosionables e inestables el vetiver primero reduce la erosión, estabiliza el terreno, luego debido a la conservación de humedad y nutrientes, mejora el microambiente y otras especies espontáneas o cultivadas, pueden establecerse. Debido a esto se considera al vetiver una planta nodriza en tierras degradadas.

Foto 2: El pasto vetiver sobrevive a los incendios forestales; a la derecha: dos meses después de la quema.Gò

Foto 3: Dunas arenosas costeras en Quang Bình (izq.) y en suelos salinos en la provincia Gò Công (derecha).

Foto 4: En suelos sulfato ácidos en Tân An (izq.) y suelos alcalinos y sódicos en Ninh Thun (derecha)

2.4 Tolerancia de la planta de vetiver al frío

Aunque el vetiver es una planta tropical, puede sobrevivir y desarrollarse en condiciones de frío extremo. Bajo condiciones de escarcha o helada su parte aérea muere o entra en latencia y se torna color púrpura pero sus puntos de crecimiento subterráneos sobreviven. En Australia, el vetiver no se afectó por una severa helada a -14°C y sobrevivió por un corto período a –22°C en el norte de China. En Georgia (EEUU), el vetiver sobrevivió a una temperatura del suelo de –10°C pero no resistió a –15°C. Recientes estudios demuestran que el crecimiento óptimo de raíces se presenta a temperaturas del suelo de 25°C, pero las raíces continúan creciendo hasta 13°C. Aunque un crecimiento muy pequeño ocurre a temperaturas del suelo en el rango entre 15°C (día) y 13°C el crecimiento de la raíz continúa a una velocidad de 12.6cm/día, indicando que el pasto vetiver no entra en latencia a esta temperatura y por extrapolación se estima que la latencia ocurre a 5°C (Fig.1).

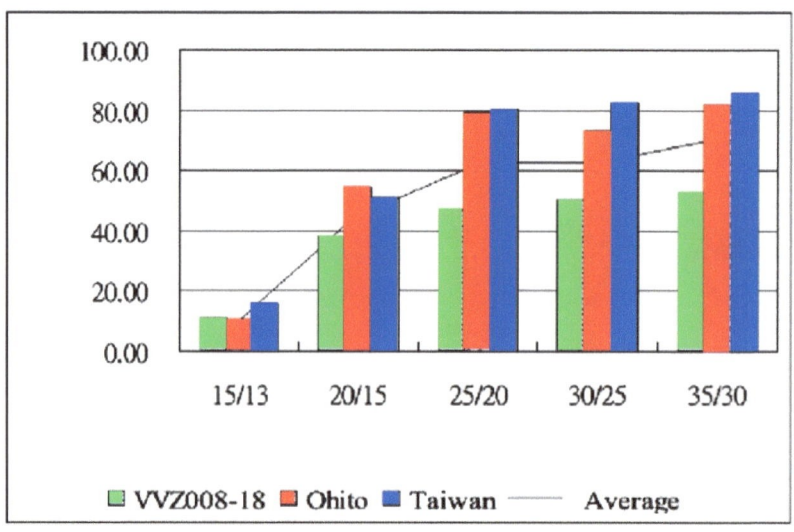

Genotipos: VVZ008-18, Ohito, y Taiwan, estos dos últimos son básicamente el mismo que Sunshine
Tratamientos de temperatura: día 15°C /noche 13°C. (CP: Y.W .Wang).

Figura 1: Efecto de la temperatura del suelo sobre el crecimiento de la raíz del vetiver.

2.5 Resumen del rango de adaptabilidad
Un resumen del rango de adaptabilidad de la planta de vetiver se muestra en el cuadro 1.

Cuadro 1: Rango de adaptabilidad de la planta de vetiver vetiver en Australia y en otros países.
Continuación ..... próxima pagina

Característica ó Condición	Australia	Otros países
Condiciones de suelo adversas		
Acidez (pH)	3,3-9,5	4,2-12,5 (altos niveles de Al soluble)
Salinidad (50% reducción rendimientos)	17,5 mScm⁻¹	
Salinidad (sobrevivió)	4755 mScm⁻¹	
Nivel de saturación con Aluminio (Sat. Al %)	Entre 68% - 87%	
Nivel de Manganeso	> 578 mgkg⁻¹	
Sodicidad	48% (Na intercambiable)	
Magnesicidad	2400 mgkg⁻¹ (Mg)	

Característica ó Condición	Australia	Otros países
Fertilizante		
El vetiver se puede establecer en suelos de baja fertilidad debido a su fuerte asociación con micorrizas	N y P (300 kg/ha FDA)	N y P, estiércol de granja
Metales pesados		
Arsénico (As)	100 - 250 mgkg^{-1}	
Cadmio (Cd)	20 mgkg^{-1}	
Cobre (Cu)	35 - 50 mgkg^{-1}	
Cromo (Cr)	200 - 600 mgkg^{-1}	
Níquel (Ni)	50 - 100 mgkg^{-1}	
Mercurio (Hg)	> 6 mgkg^{-1}	
Plomo (Pb)	> 1500 mgkg^{-1}	
Selenio (Se)	> 74 mgkg^{-1}	
Zinc (Zn)	>750 mgkg^{-1}	
Localidad	15^{0}S to 37^{0}S	41^{0}N - 38^{0}S
Clima		
Precipitación anual (mm)	450 - 4000	250 - 5000
Heladas (temperatura del suelo.)	-11^{0}C	-22^{0}C
Olas de calor	45^{0}C	55^{0}C
Sequía (precipitación no efectiva)	15 meses	
Palatabilidad	Vacas lecheras, ganado, caballos, conejos, ovejas	Vacas, ganado, ovejas, cerdos, carpas
Valor nutricional	N = 1,1 %	Proteína cruda 3,3%
	P = 0,17%	Grasa cruda 0,4%
	K = 2,2%	Fibra cruda 7,1%

2.6 Características genéticas
Son utilizadas tres especies de vetiver con propósitos de protección ambiental.

2.6.1 Vetiveria zizanioides L reclasificada como Chrysopogon zizanioides L
Existen dos especies de vetiver que se originaron en el subcontinente de la India: *Chrysopogon zizanioides* y *Chrysopogon lawsonii*. *Chrysopogon zizanioides* posee muchas accesiones. Generalmente las provenientes del sur de India han sido cultivadas y tienen un sistema de raíces largo y fuerte. Estas accesiones tienden a la poliploidía y muestran un alto nivel de esterilidad y no se consideran. Las accesiones del norte de India, comunes en las cuencas de los ríos Ganges e Indu, son silvestres y tienen un sistema de raíces débil. Estas accesiones son diploides y son conocidas por ser malezas invasoras, aunque no necesariamente invasoras. Las accesiones del norte de la India NO se recomiendan bajo el sistema Vetiver. Debe resaltarse que la mayoría de la investigación con diferentes aplicaciones del vetiver y las experiencias de campo han sido realizadas con los cultivares del sur de la India y que están estrechamente relacionados (mismo genotipo) como lo son el Monto y el Sunshine.

Estudios del ADN confirman que cerca del 60% del *Chrysopogon zizanioides* utilizado para bioingeniería y fitorremediación en países tropicales y subtropicales son del genotipo Monto/Sunshine.

2.6.2 Chrysopogon nemoralis

Estas especies nativas se distribuyen ampliamente en las tierras bien drenadas de Tailandia, Laos, y Vietnam y muy probablemente en Camboya y Myanmar. Es muy utilizado en Tailandia para hacer techados. Esta especie no es estéril, la principal diferencia entre *C. nemoralis* and *C. zizanioides*, es que esta última es más alta y tiene tallos más firmes y gruesos, *C. zizanioides* tiene un sistema de raíces más grueso y profundo y sus hojas son más anchas y poseen un área verde claro a lo largo de las estrías de la hoja, como se muestra en las fotos abajo.- Fotos 5-8.

Foto 5: Hojas de Vetiver, izquierda: *C. zizanioides*, derecha: *C. nemoralis*.

Foto 6: Brotes de Vetiver, izquierda: *C. nemoralis*, derecha: *C. zizanioides*.

Foto 7: Diferencias entre las raíces de *C. zizanioides* (arriba) y *C. nemoralis* (abajo).

Foto 8: Raíces de Vetiver en el suelo (izquierda y centro) y en agua (derecha).

Foto 9: *C. nemoralis* en Quang Ngai (izquierda) y en las Planicies Centrales de Vietnam (derecha).

Foto 10: *Chrysopogon nigritana* en Mali, Africa del Oeste.

Aunque *C. nemoralis no es tan* efectivo como *C. zizanioides,* los agricultores han reconocido también la utilidad de *C. nemoralis* en la conservación de suelos; por tanto lo han usado en las planicies centrales así como en provincias de la costa de Vietnam Central tales como Quang Ngai para estabilizar diques en campos de arroz - Foto 9.

2.6.3 Chrysopogon nigritana
Esta especie es nativa del Sur y del Oeste de África, sus aplicaciones se restringen al subcontinente, y debido a que produce semillas viables debe circunscribirse a su lugar de origen (Foto 10).

2.7 Potencial de enmalezamiento
Los cultivares de Vetiver derivados de las accesiones del sur de la India no son agresivos; no producen estolones ni rizomas funcionales y tienen que ser reproducidos vegetativamente por subdivisiones de la raíz(corona). Es imperativo que cualquier planta usada para la bioingeniería no se convierta en maleza en el ambiente local; por lo tanto los cultivares estériles (como Monto, Sunshine, Karnataka, Fiji and Madupatty) del sur de la India son los ideales para esta aplicación. En Fiji, donde se introdujo el pasto vetiver para la elaboración de techos hace más de cien años, y donde se ha utilizado con fines de conservación de suelos y agua en la industria de la caña de azúcar por más de 50 años no ha demostrado ningún signo de ser invasor. El pasto Vetiver puede ser eliminado fácilmente ya sea mediante aspersión con glifosato (Roundup) o cortando la planta por debajo de la corona.

3. CONCLUSION

Debido al poco crecimiento de *C. nemoralis* y más importante, debido a su pequeño sistema de raíces, este no es apto para los trabajos de estabilización en taludes inclinados. Adicionalmente, no se han desarrollado investigaciones en esta especie sobre la disposición y el tratamiento de aguas residuales, o sobre su capacidad de fitorremediación por lo cual se recomienda utilizar solamente *C. zizanioides* para las aplicaciones y usos indicados en este manual.

4. REFERENCIAS

Adams, R.P., Dafforn, M.R. (1997). DNA fingerprints (RAPDs) of the pantropical grass, *Vetiveria zizanioides* L, reveal a single clone, "Sunshine," is widely utilised for erosion control. Special Paper, The Vetiver Network, Leesburg Va, EEUU.

Adams, R.P., M. Zhong, Y. Turuspekov, M.R. Dafforn, y J.F.Veldkamp. 1998. DNA fingerprinting reveals clonal nature of *Vetiveria zizanioides* (L.) Nash, Gramineae and sources of potential new germplasm. Molecular Ecology 7:813-818.

Greenfield, J.C. (1989). Vetiver Grass: The ideal plant for vegetative soil and moisture conservation. ASTAG - The World Bank, Washington DC, EEUU.

National Research Council. 1993. Vetiver Grass: A Thin Green Line Against Erosion. Washington, D.C.: National Academy Press. 171 pp.

Purseglove, J.W. 1972. Tropical Crops: Monocotyledons 1. , New York: John Wiley & Sons.

Truong, P.N. (1999). Vetiver Grass Technology for land stabilisation, erosion and sediment control in the Asia Pacific region. Proc. First Asia Pacific Conference on Ground and Water Bioengineering for Erosion Control and Slope Stabilisation. Manila, Filipinas, Abril 1999.

Veldkamp. J.F. 1999. A revision of Chrysopogon Trin. including *Vetiveria Bory* (Poaceae) in Thailand and Melanesia with notes on some other species from Africa and Australia. Austrobaileya 5: 503-533.

PARTE 2 - MÉTODOS PARA PROPAGAR EL VETIVER

CONTENIDO

1. INTRODUCCIÓN

Debido a que las principales aplicaciones requieren un gran número de plantas, la calidad del material de siembra es importante para una exitosa aplicación del Sistema Vetiver. Para ello se requieren viveros capaces de producir grandes cantidades de plantas de alta calidad y de bajo precio. El uso exclusivo de cultivares estériles únicamente (*C. zizanioides*) evitará la aparición de plantas de vetiver estableciéndose en un ambiente nuevo. Pruebas de ADN han probado que los cultivares estériles usados alrededor del mundo son genéticamente similares a los cultivares Monto y Sunshine, ambos originados en el sur de la India. Debido a su esterilidad, estos deben propagarse vegetativamente.

2. VIVERO DE VETIVER

Los viveros proveen material para la propagación vegetativa o el cultivo de tejidos de plantas de vetiver. Los siguientes criterios deben facilitar el establecimiento de viveros productivos y fáciles de manejar:

- *Tipo de suelo:* Camas de propagación franco arenosas aseguran cosechas más fáciles y menores daños a las raíces y corona de las plantas. Franco arcillosas serían aceptables, pero arcillosas no.
- *Topografía*: Terrenos ligeramente inclinados evitan el encharcamiento en caso de excesos de agua. Sitios planos son aceptables pero debe controlarse el drenaje ya que el encharcamiento puede afectar a las plantas muy jóvenes aunque las adultas toleran las condiciones de saturación.
- *Sombra*: Se recomiendan espacios abiertos, ya que la sombra afecta el desarrollo del vetiver. La sombra parcial es aceptable. El vetiver es una planta C4 y requiere mucho sol.
- *Trazado de la plantación:* El Vetiver debe ser plantado en hileras largas y ordenadas en contorno para facilitar la cosecha.
- *Método de cosecha:* La cosecha de plantas maduras puede ser realizada manual o mecánicamente. Un implemento debe cortar las raíces de plantas maduras a 20-25cm (8-10'') por debajo de la superficie. Para evitar daños a la corona usar arados de vertedera o de disco con ajustes especiales.
- *Método de riego:* El riego por aspersión distribuye el agua uniformemente en los primeros meses de la plantación. Las plantas más maduras pueden regarse por inundación.
- *Entrenamiento del personal de operaciones*: Personal entrenado es esencial para el éxito.
- *Plantación mecánica*: Una sembradora modificada o una transplantadora mecánica puede sembrar

grandes cantidades de hijos en el vivero.

- ***Disponibilidad de maquinaria en el vivero:*** Se requiere de maquinaria agrícola básica para la preparación del terreno, las camas de siembra, control de malezas, corte y cosecha de las plantas.

Foto 1: Izquierda: Siembra mecanizada; derecha: siembra manual.

3. MÉTODOS DE PROPAGACIÓN

Las cuatro maneras de propagar vetiver son:
- Separando brotes maduros de la macolla de vetiver o plantas madre, obteniendo hijos ("esquejes") a raíz desnuda para ser plantados de forma inmediata en el campo o en contenedores.
- Usando varias partes de las plantas madre de vetiver
- Multiplicación de yemas o micropropagación in vitro para propagación a gran escala
- Cultivo de tejido, usando una pequeña parte de la planta para propagación a gran escala.

3.1 Separación de plantas para producir hijos ("esquejes") a raíz desnuda
La separación de brotes de una macolla madre requiere cuidado, de manera que cada hijo incluya al menos dos a tres brotes y una parte de la corona. Después de la separación, los hijos deben ser cortados de 20 cm (8'') de largo (Figura 1). Los hijos ("esquejes") resultantes pueden ser sumergidos en varios tratamientos, incluyendo hormonas de enraizamiento, estiércol líquido, lodo de arcilla, o simplemente en recipientes llenos con agua. Para acelerar el crecimiento mantener los hijos húmedos y a la luz hasta plantarlos- Foto 2.

Figura 1: Como separar los hijos de vetiver.

3.2 Propagación del vetiver de partes de la planta
Para la propagación del vetiver son usadas tres partes de la planta- Fotos 3 & 4:
- Brotes o vástago.
- Corona (cormo), la parte dura de la planta entre las raíces y los brotes o vástago.
- Culmo, tallo o caña.

Foto 2: Hijos a raíz desnuda listos para plantar (izq.); sumergidos en barro de arcilla o licuado de estiércol (cow tea) (derecha).

El culmo es el tallo o caña de un pasto. El tallo del vetiver es sólido, duro y firme; presenta nudos prominentes con yemas laterales que pueden formar raíces y brotes cuando son expuestos al humedecimiento. Cortes de tallos o cañas, acostados o parados, bajo neblina o en arena húmeda, promoverá el rápido desarrollo de raíces y brotes en cada nudo. Le Van Du, de la Universidad de Agroforestería en la ciudad de Ho Chi Minh, desarrolló los siguientes cuatro pasos de propagación de esquejes:

- Preparar los esquejes de vetiver o cortes de tallos.
- Asperjar los esquejes con una solución al 10% de jacinto de agua.
- Usar bolsas de plástico para cubrir los esquejes completamente y dejar por 24 horas.
- Sumergir en barro de arcilla o estiércol líquido, y plantar en una cama de propagación adecuada.

3.2.1 Preparación de esquejes de vetiver

Foto 3: Brotes viejos (izq.) y brotes jóvenes (derecha).

Culmos o cañas de Vetiver.
Seleccionar cañas viejas, las cuales tienen más yemas y más nudos que las jóvenes. Hacer cortes de 30-50mm (1-2 pulgadas) de largo, incluyendo 10-20mm (4-8 pulgadas) debajo de los nudos, separando la cobertura de hojas viejas. Los nuevos brotes deben emerger una semana después de plantados.

Hijos de Vetiver ("esquejes")*:*
- Seleccionar hijos maduros con al menos tres a cuatro hojas bien desarrolladas.

- Separar los hijos cuidadosamente, y asegurarse de incluir la base y algunas raíces.

Corona o cormo del Vetiver:

La corona (cormo) es la base de las plantas maduras de vetiver de la cual emergen los nuevos brotes. Usar solo la parte superior de la corona madura.

Foto 4: Corona de vetiver o cormos (izquierda) y segmentos de culmos o cañas con nudos (derecha).

3.2.2 Preparación de la solución de jacinto de agua

La solución de jacinto de agua contiene muchas hormonas y reguladores del crecimiento, incluyendo ácido giberélico y muchos componentes del ácido indolacético (AIA). Para preparar hormona de enraizamiento con jacinto de agua:
- Conseguir plantas de jacinto de agua en lagos y canales
- Poner las plantas en bolsas de plástico de 20 litros y cerrarlas amarrándolas.
- Dejar la bolsa por un mes hasta que el material vegetal se descomponga
- Deseche las partes sólidas y conserve solo la solución.
- Filtre la solución y manténgala en un lugar fresco hasta usarla.

3.2.3 Tratamiento y siembra

Foto 5: Asperjando esquejes con una solución de jacinto de agua al 10% (izquierda) y cubriendo esquejes completamente con bolsas de plástico dejándoles así por 24 horas (derecha).

3.2.4 Ventajas de usar hijos a raíz desnuda y esquejes

Ventajas:
- Una manera eficiente, económica y rápida de preparar material de propagación.

- Los menores volúmenes implican menores costos de transporte.
- Fácil de plantar a mano.
- Grandes cantidades pueden ser plantadas mecánicamente.

Foto 6: Plantación con estiércol, en una adecuada cama de siembra.

Desventajas:
- Vulnerable a la deshidratación y a las temperaturas extremas.
- Tiempo de almacenamiento limitado.
- Requiere ser plantado en suelo húmedo.
- Necesita de riego frecuente en las primeras semanas.
- Se recomienda en buenos sitios de vivero con acceso al agua de riego.

3.3 Multiplicación de yemas o micropropagación

El Dr. Le Van Be de la Universidad Can Tho, en la ciudad de Can Tho, Vietnam ha desarrollado un método sencillo y práctico para multiplicar yemas (Lê Van Bé et al, 2006). Su procedimiento consiste en cuatro etapas de micropropagación, todas en un medio líquido:
- Inducir el desarrollo de yemas laterales.
- Multiplicar los nuevos brotes.
- Promover el enraizamiento de los nuevos brotes.
- Promover el crecimiento en umbráculos o cobertores.

3.4 Cultivo de tejido

El cultivo de tejido es otra forma de propagar material de plantación de vetiver en grandes cantidades, usando tejidos especiales (punta de la raíz, flores jóvenes de la inflorescencia, tejidos de yemas de los nudos) de la planta de vetiver. El procedimiento es usado con frecuencia por la industria hortícola internacional. Aunque los protocolos de laboratorios particulares varían, el cultivo de tejido involucra una pequeña porción de tejido en un medio especial bajo condiciones asépticas, y plantando las microplantas obtenidas en medios apropiados hasta que se desarrollen completamente en pequeñas plantas. Más detalles se pueden consultar en Truong (2006).

4. PREPARACIÓN DEL MATERIAL DE SIEMBRA

Para incrementar las tasas de establecimiento en condiciones adversas, cuando las plantas producidas por los métodos mencionados o los hijos a raíz desnuda están listos, se pueden preparar para plantar en los sitios o terrenos planeados mediante:

- bolsas de polietileno o tubetes.
- plantación en bandas.

4.1 Bolsas de polietileno o tubetes

Plántulas e hijos a raíz desnuda se plantan en pequeños potes o bolsas plásticas que contengan una mezcla mitad suelo y mitad compost o mezcla de substrato y se dejan en los contenedores entre tres y seis semanas, dependiendo de las temperaturas. Cuando aparecen al menos tres brotes, las plantas están listas.

Foto 7: Hijos a raíz desnuda y material de contenedores (izquierda), mcolocando plantas en las bolsas de polietileno (centro) y plantas en bolsas de polietileno listas para ser plantadas (derecha).

4.2 Plantación en bandas

La plantación en bandas es una modificación de las plantas en bolsas. En vez de usar bolsas individuales, los hijos o esquejes se plantan muy cerca en surcos recubiertos con plástico especialmente alineados. Este método ahorra trabajo al plantar en sitios difíciles como taludes muy inclinados, y goza de una alta tasa de sobrevivencia ya que las raíces se mantienen juntas.

Foto 8: Plantación en bandas (izq.) en contenedores y removidas de los contenedores (centro), y listas para la siembra (derecha).

4.2.1 Ventajas y desventajas de las bolsas de polietileno y de las plantas en bandas

Ventajas:
- Las plantas son fuertes y no son afectadas por la exposición a altas temperaturas y poca humedad.
- Menor frecuencia de riego después de plantadas.
- Establecimiento y desarrollo más rápido después de plantar.
- Las plantas pueden permanecer más tiempo en el sitio antes de sembrarse .
- Se recomiendan para condiciones adversas y hostiles.

Desventajas:
- Más costosas de producir.
- Se requiere un período de preparación más prolongado, de cuatro a cinco semanas o más.
- El transporte de grandes volúmenes y el mayor peso incrementa los costos.
- Incrementos en los costos de mantenimiento luego del despacho si no se plantan en una semana.

5. VIVEROS EN VIETNAM

Viveros de Vetiver han sido establecidos exitosamente en todas las áreas de Vietnam.

Foto 9: En el sur, izquierda: Universidad Can Tho; derecha: En la provincia Giang.

Foto 10: En el centro sur, en Quang Ngai (izquierda) y Binh Phuoc (derecha).

Foto 11: Izquierda: en el centro norte, Quang Binh; derecha: a lo largo de la autopista HCM.

Foto 12: En el norte, en Bac Ninh (izquierda) y Bac Giang (derecha).

6. REFERENCIAS

Charanasri U., Sumanochitrapan S., y Topangteam S. (1996). Vetiver grass: Nursery development, field planting techniques, and hedge management. Trabajo no publicado presentado en las Memorias. First International Vetiver Conf., Tailandia, 4-8 Febrero 1996.

Lê Văn Bé, Võ Thanh Tân, Nguyễn Thị Tố Uyên.(2006). Nhân Giong Co Vetiver (*Vetiveria zizanioides*). Regional Vetiver conference, Can Tho University, Can Tho, Vietnam.

Lê Văn Bé, Võ Thanh Tân, Nguyễn Thị Tố Uyên (2006). Low cost micro-propagation of vetiver grass Memorias. Cuarta Conferencia Internacional sobre Vetiver, Caracas, Venezuela, Octubre 2006.

Murashige T., y Skoog F. (1962) A revised medium for rapid growth and bio assays with tobacco tissue cultures. Physiologia Plantarum 15: 473-497.

Namwongprom K., y Nanakorn M. (1992). Clonal propagation of vetiver in vitro. En: Proc. 30th Ann. Conf. on Agric., 29 Enero-1 Febrero 1992 (en Tailandia).

Sukkasem A. y Chinnapan W. (1996). Tissue culture of vetiver grass. En: Abstracts of papers presented at Proc. First International Vetiver Conference (ICV-1), Chiang Rai, Tailandia, 4-8 Febrero 1996. p. 61, ORDPB, Bangkok.

Truong, P. (2006). Vetiver Propagation: Nurseries and Large Scale Propagation. Workshop on Potential Application of the VS in the Arabian Gulf Region, Kuwait, Marzo, 2006.

PARTE - 3 EL SISTEMA VETIVER PARA LA REDUCCIÓN DE DESASTRES NATURALES Y LA PROTECCIÓN DE INFRAESTRUCTURA

CONTENIDO

1. TIPOS DE DESASTRES NATURALES QUE PUEDEN SER REDUCIDOS MEDIANTE LA APLICACIÓN DEL SISTEMA VETIVER (SV)

Además de la erosión, el Sistema Vetiver (SV) puede reducir e incluso eliminar muchos tipos de desastres naturales, incluyendo deslizamientos, coladas de barro, inestabilidad de taludes de carreteras, y erosión (banco de río, canales, líneas costeras, diques, represas con taludes de tierra).

Cuando las rocas y los suelos se saturan debido a lluvias de gran intensidad, en muchas zonas montañosas de Vietnam ocurren deslizamientos y derrumbes (movimientos en masa). Son ejemplos representativos los deslizamientos, derrumbes e inundaciones súbitas ocurridas en el distrito Muong Lay, provincia Dien Bien (1996), y los deslizamientos en Hai Van Pass (1999) que interrumpieron el tráfico Norte-Sur por más de dos semanas y costó más de un millón US $ para remediarlo. Los mayores deslizamientos en Vietnam, aquellos mayores a un millón de metros cúbicos (entre ellos el de Thiet Dinh Lake, distrito Hoai Nhon, provincia Binh Dinh, en las comunas de An Nghiêp y de An Linh, distrito Tuy An, provincia Phu Yen), han causado pérdidas de vidas humanas y daños a las propiedades.

Fallas en los bancos de río, diques y la erosión de las costas ocurren frecuentemente en todo Vietnam. Ejemplos típicos incluyen: erosión de banco de río en Phu Tho, Hanoi, y en diversas provincias centrales de Vietnam (incluyendo Thua Thien Hue, Quang Nam, Quang Ngai y Binh Dinh); erosión costera en el distrito Hai Hau, provincia Nam Dinh, y; erosión de banco de río y costera en el delta del Mekong. Aunque estos eventos desastrosos de inundaciones/tormentas ocurren usualmente en la temporada de lluvias, algunas veces la erosión de banco de río ocurre en la época seca, cuando el agua desciende a su nivel más bajo. Esto ha ocurrido en la villa Hau Vien, distrito Cam Lo, en la provincia de Quang Tri.

Los derrumbes y deslizamientos son más comunes en aquellas áreas donde las actividades humanas de-sempeñan un papel decisivo. Casi el 20 por ciento o 200 km (124 millas) de más de 1000 km (621 millas) de la sección Ha Tinh - Kon Tum de la autopista Ho Chi Minh es muy susceptible a movimientos en masa e inestabilidad en los taludes, debido principalmente a prácticas de construcción inadecuadas y a un problema subyacente de desconocer las condiciones geológicas desfavorables. Los deslizamientos recientes en las ciudades de Yen Bai, Lao Cai, y Bac Kan fueron seguidos por decisiones municipales para expandir el urbanismo permitiendo cortes en taludes de mayor pendiente.

Los grandes terremotos también han generado movimientos en masa en Vietnam, incluyendo el deslizamiento de 1983 en el distrito Tuan Giao, y en 2001 en la vía que va de la ciudad Dien Bien al distrito Lai Chaut.

Desde un punto de vista estrictamente económico, el costo de resolver estos problemas es alto, y el presupuesto del Estado para estos trabajos nunca es suficiente. Por ejemplo, el revestimiento de bancos de río normalmente tiene un costo entre 200,000-300,000 US $/km, y a veces puede llegar a tanto como 700,000-$1 millones US $/km. El terraplén Tan Chau en el delta del Mekong Delta es un caso extremo que costó cerca de $7 millones US $/km. La protección de bancos de río sólo en la provincia Quang Binh se estima que requiere una inversión de más de 20 millones US $ pero el presupuesto anual es de solo 300,000 US $.

La construcción de diques marinos cuesta entre 700,000 - 1,000,000US $/km, pero las secciones más costosas pueden tener costos superiores de 2,5 millones US $/km, y no son poco comunes. Después de que la tormenta No. 7 en Septiembre de 2005 arrastró muchas secciones de dique mejoradas algunos gestores de diques concluyeron que incluso aquellas secciones protegidas con obras de ingeniería para soportar tormentas de nivel 9 eran demasiado débiles, y comenzaron a considerar seriamente la construcción de diques capaces de soportar tormentas de nivel 12 que costarían entre 7-10 millones US $/km.

Las limitaciones presupuestarias siempre existen, lo que reduce las medidas de protección con estructuras rígidas a las secciones más críticas, nunca a todo lo largo del banco de río o de toda la línea costera. Este enfoque por bandas compensa los problemas.

Cada uno de estos eventos representa una falla en un talud o un movimiento en masa, siendo que el desplazamiento cuesta abajo de los detritos de roca y de los suelos es una respuesta a las fuerzas gravitacionales. Estos movimientos pueden ser muy lentos, casi imperceptibles, o devastadoramente rápidos y ocurrir en minutos. Son muchos los factores que afectan los desastres naturales de tipo climático, por lo que debemos entender las causas así como los principios básicos de la estabilización de pendientes o taludes. Esta información nos va a permitir emplear efectivamente los métodos de bioingeniería para reducir su impacto.

2. PRINCIPIOS GENERALES DE ESTABILIDAD DE UNA PENDIENTE Y ESTABILIZACIÓN DE PENDIENTES

2.1 Perfil de la pendiente
Algunas pendientes son gradualmente curvas, y otras son extremadamente inclinadas. El perfil de una pendiente erosionada de forma natural depende principalmente del tipo de roca y suelo, el ángulo natural de reposo del suelo y del clima. Para las rocas/suelos resistentes al deslizamiento, especialmente en zonas áridas, la meteorización química es muy lenta comparada con la física. La cresta de la pendiente es ligeramente convexa a angular, la cara del escarpe es casi vertical, y se presenta una pendiente de detritos con un ángulo de reposo de 30-35° en la cual el material suelto de un tipo específico de suelo es estable. Las rocas/suelos no resistentes, especialmente en zonas húmedas, se meteorizan rápidamente y se erosionan fácilmente. La pendiente resultante posee una capa gruesa de suelo. La cresta es convexa y la base es cóncava.

2.2 Estabilidad de la pendiente
2.2.1 Pendientes naturales, taludes de corte, taludes de carretera, etc.
La estabilidad de tales pendientes se basa en el equilibrio entre dos fuerzas, las fuerzas motoras y las fuerzas de resistencia. Las fuerzas motoras promueven los movimientos pendiente abajo y las fuerzas de resistencia lo impiden. Cuando las fuerzas motoras superan las fuerzas de resistencia, la pendiente se hace inestable.

2.2.2 Erosión de banco de río, de línea costera e inestabilidad de estructuras que retienen agua
Algunos ingenieros hidráulicos pueden argumentar que la erosión de banco de río y la inestabilidad de estructuras que retienen agua deben ser tratadas separadamente de otros tipos de fallas en pendientes ya que sus cargas respectivas son diferentes. En nuestra opinión, sin embargo, ambas están sujetas a la interacción entre "fuerzas motoras" y "fuerzas de resistencia". Las fallas ocurren cuando las primeras superan a las segundas.

Sin embargo, la erosión de banco de río y la inestabilidad de estructuras que retienen agua son algo más complicadas; estas son el resultado de la interacción entre fuerzas hidráulicas que actúan en la base y el lecho y las fuerzas gravitacionales que afectan el material in-situ del banco. Las fallas ocurren cuando la erosión de la base del banco y del lecho del canal adyacente al banco incrementan la altura y el ángulo del banco al punto en que las fuerzas gravitacionales exceden las fuerzas de resistencia del material del banco. Después de la falla, el material originado del banco puede ser transportado al lecho del canal, dispersado como sedimento en suspensión, o ser depositado en la base del banco como un bloque intacto, o como material disgregado.

Los procesos de entalle del banco controlados fluvialmente tienen dos partes. El cizallamiento por erosión fluvial de los materiales que conforman el banco resulta en un progresivo retiro del mismo. Adicionalmente, se produce un incremento en la altura del banco debido al deterioro del lecho inmediato del canal y/o un incremento en la inclinación del talud debido a la erosión fluvial en la parte inferior, lo que disminuye la estabilidad del canal con respecto a una falla. Dependiendo de las limitaciones en las propiedades del material y la geometría del perfil, un banco puede fallar como resultado de cualquiera de muchos mecanismos posibles, incluyendo fallas de tipo plano o traslacional, rotacional y fracturas.

Los mecanismos no fluviales controladores del entallamiento del banco incluyen los efectos de lavado de las olas, pisoteo, socavación, tunelización, asociados con bancos estratificados y condiciones de aguas subterráneas adversas.

2.2.3 Fuerzas motoras
Aunque la gravedad es la principal fuerza motora, esta no actúa sola. El ángulo de la pendiente, el ángulo de reposo del suelo particular, el clima, el material de la pendiente, y especialmente el agua, contribuyen en su efecto:
- Las fallas ocurren más frecuentemente en pendientes muy inclinadas que en las menos inclinadas.
- El agua ejerce un papel clave en producir una falla a las pendientes, en particular en la base:
  - En forma de ríos o por acción de las olas, el agua erosiona la base de las pendientes, removiendo el apoyo, lo que incrementa las fuerzas motoras.
  - El agua también incrementa las fuerzas motoras por carga, es decir, llenando los poros previamente vacíos y las fracturas, lo que añade a la masa total sujeta a las fuerzas de la gravedad.
  - La presencia del agua implica presión en los poros, lo que reduce las fuerzas de corte o de resistencia del material del talud. Muy importante, los cambios abruptos (incrementos y decrementos) en la presión de los poros pueden tener un papel decisivo en la ocurrencia de una falla.
  - La interacción con la superficie de la roca y el suelo (meteorización química) lentamente debilita el material de la pendiente, reduciendo la resistencia al corte. Esta interacción reduce las fuerzas de resistencia.

2.2.4 Fuerzas de resistencia
Las principales fuerzas de resistencia son la resistencia al corte de los materiales, una función de la cohesión (capacidad de las partículas de atraerse y mantenerse juntas unas con otras) y de la fricción interna (fricción entre los granos de un material) que se oponen a las fuerzas motoras. La relación entre las fuerzas de resistencia y las fuerzas motoras es el factor de seguridad (FS). Si el FS >1 la pendiente es estable. Si no, se considera inestable. Comúnmente, un FS de 1.2-1.3 es marginalmente aceptable. Dependiendo de la importancia de la pendiente y el potencial de pérdidas asociadas con la falla, se debe garantizar un mayor FS. En resumen, la estabilidad de la pendiente es una función de: tipo de roca/suelo y su resistencia, geometría de la pendiente (altura y ángulo), clima, vegetación y el tiempo. Cada uno de estos factores puede tener un papel significativo en controlar las fuerzas motoras o de resistencia.

2.3 Tipos de fallas en pendientes
Dependiendo del tipo de movimiento y la naturaleza del material involucrado, pueden producirse diferentes tipos de fallas en las pendientes:

Cuadro 1: Tipos de fallas en pendientes.

Tipo de movimiento		Material involucrado	
		Roca	**Suelo**
Despren-dimientos		-Desprendimientos de roca	-Desprendimiento de suelo
Deslizamien-tos	Rotacional	-Caída de bloque de roca	-Caída de bloque de suelo
	Translacional	-Deslizamientos de roca	-Deslizamiento de detritos
Flujos	Lento	-Flujo de roca	-Solifluxión
			-material saturado y no consoli-dado
			-flujos de tierra
			- colada de barro (hasta 30% agua)
	Rápido		-Flujos de detritos
			-Avalancha de detritos
Complejo		Combinación de dos o más tipos de movimiento	

En roca, usualmente ocurren desprendimientos y deslizamientos traslacionales que involucran uno o más planos de debilidad. Debido a que los suelos son más homogéneos y carecen de un plano de debilidad visible, son más frecuentes los deslizamientos rotacionales y los flujos. En general, los movimientos en masa involucran más de un tipo de movimiento, por ejemplo un desprendimiento superior y un flujo en la parte basal, o un deslizamiento de suelo en la parte superior y un deslizamiento de roca en la parte inferior.

2.4 Influencia humana en las fallas de una pendiente
Los deslizamientos son fenómenos naturales conocidos como erosión geológica. Los movimientos en masa o las fallas en las pendientes ocurren independientemente de la presencia del ser humano. Sin embargo, en los procesos que ocurren en las pendientes, las prácticas de uso de la tierra derivadas de las actividades humanas, desempeñan un papel primordial. La combinación de eventos naturales incontrolables (terremotos, tormentas intensas, etc.) y la alteración artificial de las tierras (excavaciones en pendientes, deforestación, urbanismo, etc.) puede generar fallas desastrosas de las pendientes.

2.5 Mitigación de fallas en pendientes
Minimizar las fallas en las pendientes requiere de tres pasos: la identificación de áreas potencialmente inesta-bles, la prevención de fallas en las pendientes y, la implementación de medidas correctivas en el caso de fallas en las pendientes. Una comprensión a fondo de las condiciones geológicas es crítica para decidir acerca de la mejor práctica de mitigación.

2.5.1 Identificación
Técnicos entrenados pueden identificar fallas potenciales en pendientes mediante el estudio de fotografías aé-

reas para localizar sitios donde ocurrieron movimientos en masa o donde se presentan actualmente, y llevando a cabo investigaciones de campo de pendientes potencialmente inestables. Las áreas con mayor potencial para la ocurrencia de movimientos en masa se pueden identificar por la ocurrencia de altas pendientes, planos de inclinación orientados en dirección a la base de los valles, topografía irregular y de superficies sinuosas cubiertas de árboles jóvenes, filtraciones de agua, y áreas donde previamente han ocurrido estos procesos. Esta información se emplea para generar mapas de riesgo de las áreas con predisposición a la ocurrencia de movimientos en masa.

2.5.2 Prevención
La prevención de los movimientos en masa y de la inestabilidad de las pendientes es mucho más eficiente en costos que su corrección. Los métodos de prevención incluyen el control de los drenajes, reducción del ángulo de la pendiente y su altura, el establecimiento de cobertura vegetal, paredes de retención, pernos anclados en roca, y concreto pulverizado de rápida solidificación , entre otros. Éstos métodos de soporte deben ser aplicados correcta y apropiadamente asegurándose primero de que la pendiente es estable interna y estructuralmente. Esto requiere de una buena comprensión de las condiciones geológicas.

2.5.3 Corrección
Algunos movimientos en masa pueden ser corregidos mediante la instalación de un sistema de drenaje para reducir la presión del agua en la pendiente, y prevenir movimientos futuros. La inestabilidad de las pendientes que bordean las carreteras y otros sitios importantes generalmente requiere de tratamientos muy costosos. Realizados a tiempo y apropiadamente, los drenajes superficiales y subsuperficiales son muy efectivos. Sin embargo, debido a que este tipo de acciones de mantenimiento son frecuentemente postergadas o ignoradas, se deben aplicar medidas más rigurosas y costosas cuando ocurran los problemas.

En Vietnam, los métodos de protección estructurales (revestimiento con roca de bancos de río, muros de retención, rompeolas, etc.) son usados comúnmente para estabilizar pendientes y bancos de río, y para controlar la erosión en las costas. Sin embargo, a pesar de su uso continuo por décadas, las pendientes siguen fallando, la erosión empeora y los costos de mantenimiento se incrementan. ¿ Cuáles son las debilidades de estas metodologías? Desde un punto de vista estrictamente económico, las medidas estructurales son muy costosas, y los presupuestos de los estados y municipios para estos proyectos son insuficientes. Un análisis técnico y económico trae a colación los siguientes asuntos:

- La extracción de minerales de las rocas / minas se produce en cualquier lugar, donde, sin duda, causa estragos en el medio ambiente;
- Las estructuras rígidas localizadas no absorben la energía de los flujos o de las olas. Debido a que este tipo de estructuras rígidas no logran adaptarse asentándose localmente, éstas causan fuertes gradientes. Los fuertes gradientes generan turbulencias adicionales, las cuales ocasionan más erosión. Además, debido a que los dispositivos son localizados, terminan de manera abrupta frecuentemente, no alcanzan gradual y suavemente hasta el banco o talud natural. De esa forma, la erosión simplemente se transfiere a otro lugar, generalmente hacia el lado opuesto o aguas abajo, lo que puede agravar los desastres, más que reducirlos tomando en cuenta el río como un todo. Ejemplos de esta situación abundan en muchas provincias de Vietnam Central;
- Las estructuras rígidas introducen cantidades considerables de piedra, arena y cemento en el sistema del río, desplazando y disponiendo grandes cantidades de suelo del banco en el río. En la medida que el cauce se sedimenta, cambia su dinámica, su lecho se eleva, y las inundaciones y erosión se incrementan. Este problema es particularmente muy grave en Vietnam, donde los trabajadores lanzan los desechos de suelo directamente en el río en la medida en que conforman el banco del río. A menudo lanzan piedras hacia el río para estabilizar la base del banco que es inestable, o tratan de colocar piedras en el lecho, lo

que reduce la profundidad del flujo en el canal considerablemente. Cuando finalmente el banco colapsa, pedazos de gavión, muros, etc. se mantienen dispersos en el agua causando un relleno artificial del lecho del río por causas antrópicas.

- Las estructuras rígidas no son naturales y son incompatibles con el suave lecho que ofrecen suelos erosionados o erosionables. En la medida en que el terreno se consolida y/o se erosiona y es lavado del sitio, se socava y se queda sin asiento la capa rígida de la obra. Un ejemplo es el banco inmediato aguas abajo de la presa Thach Nham (provincia Quang Ngai que se quebró y colapsó. Los ingenieros que sustituyeron las placas de concreto dejaron sin resolver el problema de erosión subsuperficial. A lo largo del dique marino Hai Hau, toda la sección de enrocado colapsó ya que el suelo debajo de la base fue lavado del sitio.
- Las estructuras rígidas solo resuelven temporalmente el problema de erosión. Ellas no pueden ayudar a estabilizar el talud cuando ocurren deslizamientos con planos de falla profundos;
- Los muros de concreto o de piedra son los métodos de ingeniería más comunes empleados para estabilizar taludes de carreteras en Vietnam. La mayoría de estos muros son pasivos, solo a la espera de que ocurra una falla en el talud,. Cuando ocurren fallas en la pendiente, los muros también fallan, tal como se observa a lo largo de la autopista Ho Chi Minh. Estas estructuras también son destruidas por los terremotos.

Las estructuras rígidas como los terraplenes recubiertos de roca obviamente no son aptas para determinadas aplicaciones, tales como la estabilización de dunas; no obstante aún se construyen como puede observarse en la nueva carretera en Vietnam Central.

2.6 Estabilización vegetativa de pendientes

La vegetación ha sido utilizada por siglos como una herramienta natural en bioingeniería para la rehabilitación y saneamiento de tierras, control de erosión y estabilización de taludes, y su popularidad se ha incrementado marcadamente en las últimas décadas. Esto, debido parcialmente al hecho de que hay más información disponible para los ingenieros sobre la vegetación, y en parte también debido a su relación costo/efectividad ser amigable al ambiente y considerarse, consecuentemente, un enfoque de ingeniería "ligera".

Considerando los impactos de los diversos factores presentados anteriormente, una pendiente se hace inestable debido a: (a) erosión superficial o "erosión laminar"; y (b) debilidad estructural interna. La erosión laminar cuando no es controlada, a menudo se convierte en erosión en surcos y cárcavas, que en el tiempo, desestabilizarán la pendiente; la debilidad estructural causará finalmente movimientos en masa como deslizamientos. Debido a que la erosión laminar también puede causar fallas en las pendientes, la protección de la superficie debe ser considerada tan importante como otras medidas estructurales de refuerzo, pero su importancia es a menudo ignorada. La protección de las pendientes es una medida preventiva efectiva, económica y esencial. En muchos casos, la aplicación de algunas medidas preventivas va a asegurar la estabilidad permanente de la pendiente, y siempre van a costar mucho menos que las medidas correctivas.

La cobertura vegetativa que provee la siembra de hierbas, la hidrosiembra o el hidromulch, son por lo general efectivas contra la erosión laminar, y las plantas con raíces profundas como árboles y arbustos pueden proveer cierto reforzamiento estructural al terreno. Sin embargo, en taludes recién construidos, las capas superficiales no están bien compactadas, por lo que incluso en superficies bien vegetadas no es posible prevenir la formación de surcos y cárcavas. En estos casos, los ingenieros resaltan la ineficiencia de la cobertura vegetal e instalan refuerzos estructurales inmediatamente después de la construcción. En resumen, la protección tradicional provista por vegetación herbácea y leñosa local no puede, en muchos casos, asegurar la estabilidad necesaria.

2.6.1 Ventajas, desventajas y limitaciones de recubrir con vegetación una pendiente

Cuadro 2: Efectos generales de la vegetación en la estabilidad de una pendiente.

Efecto	Características Físicas
Benéficos	
Refuerzo de las raíces, arqueo del suelo, soporte, anclaje, detención de rocas sueltas que rueden entre los árboles	Aireación de las raíces, distribución y morfología; fuerza de resistencia o tensión de las raíces; espaciamiento, diámetro y empotramiento de los árboles, grosor e inclinación del estrato que cede; propiedades de la fuerza de corte del suelo
Abatimiento de la humedad en el suelo e incremento de la succión por la absorción de las raíces y la transpiración	Contenido de humedad del suelo; Nivel del agua freática; presión de poros/succión del suelo
Intercepción de la lluvia por el dosel incluyendo las pérdidas por evaporación	Precipitación neta en la pendiente
Incremento de la resistencia hidráulica en los canales de riego y drenaje	Coeficiente de Manning
Adversos	
Empuje por las raíces de piedras y rocas cercanas a la superficies y remoción por desraizamiento en tormentas extremas	Relación de superficie de las raíces, distribución y morfología
Sobrecarga de la pendiente por árboles grandes y pesados (algunas veces beneficiosos dependiendo de la situación específica)	Peso promedio de la vegetación
Carga por viento	Velocidad de diseño del viento según período de retorno;altura de árboles maduros por grupos de árboles
Mantenimiento de la capacidad de infiltración	Variación del contenido de humedad en profundidad

Cuadro 3: Limitaciones por ángulo de la pendiente en el establecimiento de vegetación.

Ángulo de la pendiente (grados)	Tipo de Vegetación	
	Hierbas/Pastos	Arbustos/Árboles
0 - 30	Pocas dificultades; pueden ser usadas técnicas de plantación de rutina	Pocas dificultades; pueden ser usadas técnicas de plantación de rutina
30 - 45	Dificultades progresivas para colocar estolones y panelas; aplicación rutinaria de hidrosiembra	Dificultad progresiva para plantar.
> 45	Se requieren consideraciones especiales	La plantación debe ser realizada por lo general en terrazas de banco o individuales

2.6.2 Estabilización vegetativa de pendientes en Vietnam

Las soluciones vegetativas o blandas han sido empleadas en Vietnam en menor grado. El método de bioingeniería más popular para controlar la erosión de banco de río es probablemente la siembra de bambú la cual, dependiendo del caso, es una de las peores medidas que se pueden tomar. Cuando las macollas de bambú son llevadas por una inundación río abajo estas pueden arrastrar puentes y todo lo que se les atraviese, pues tienen una fuerza de tensión tan grande que no se rompen. Para controlar la erosión costera, se emplea el mangle, las casuarinas, las piñas silvestres y la palma nipa. Sin embargo, estas plantas poseen algunas deficiencias importantes, por ejemplo:

- Aún cuando crece formando macollas, el bambú es de raíces superficiales y no forma barreras densas. Por ello, las corrientes de agua se concentran en los huecos entre las macollas, lo que incrementa su poder destructivo y causa más erosión;
- El bambú es bastante pesado. Su sistema de raíces superficial (1-1.5 m profundidad) no llega a balancear el dosel alto y pesado. Por tanto, las macollas de bambú le suman estrés a un banco de río sin contribuir a su estabilidad;
- Con frecuencia, el montón del sistema de raíces del bambú desestabiliza el suelo debajo de él, promoviendo la erosión y creando las condiciones para deslizamientos mayores. Muchas provincias en Vietnam Central presentan ejemplos de fallas de bancos luego de la instalación de extensas franjas de bambú;
- Los árboles de Mangle, dónde estos pueden crecer, forman un área amortiguadora "buffer" que reduce el poder de las olas, y en consecuencia, reduce la erosión costera. Sin embargo, establecer mangle es difícil y lento y los ratones se comen las plántulas. De cientos de hectáreas plantadas, normalmente solo un pequeño porcentaje sobrevive hasta formar un bosque. Esto ha sido reportado recientemente en la provincia Ha Tinh;
- Los árboles de Casuarinas han sido plantados en miles de hectáreas en las dunas de arena en Vietnam Central. Las piñas silvestres son plantadas también a lo largo de bancos de río, quebradas y otros canales, y a lo largo de las líneas de contorno de las pendientes de las dunas. Aunque estas reducen el poder de los vientos y minimizan las tormentas de arena, estas plantas no pueden detener el flujo de la arena ya que poseen sistemas de raíces superficiales y no forman una barrera cerrada y densa. A pesar de que las siembras de casuarinas y piñas silvestres detienen los diques de arena, los dedos de arena continúan invadiendo terrenos agrícolas como sucede en la provincia de Quang Binh. Además, ambas plantas son sensibles al clima; las plántulas de casuarinas difícilmente sobreviven a inviernos esporádicos extremos (menos de -15°C/5°F), y la piña silvestre no puede sobrevivir los abrasadores veranos en el norte de Vietnam

Afortunadamente, el vetiver crece rápido, se establece en condiciones hostiles, y su sistema de raíces profundo y ramificado provee estabilidad estructural en un período corto de tiempo. Es por ello que el vetiver puede ser una alternativa apropiada en comparación a la vegetación tradicional, siempre y cuando se comprendan y apliquen cuidadosamente las técnicas de uso que se dan a continuación.

3. ESTABILIZACIÓN DE PENDIENTES USANDO EL SISTEMA VETIVER

3.1 Características del vetiver apropiadas para la estabilización de taludes

Los atributos únicos del Vetiver' - han sido investigados, evaluados y desarrollados en el mundo tropical, confirmando que realmente el vetiver es una herramienta muy efectiva en la bioingeniería:

- Aunque técnicamente es un pasto, las plantas de vetiver usadas en la estabilización de terrenos se comportan más bien como árboles o arbustos de rápido crecimiento. Las raíces del vetiver son, por unidad de área, más fuertes y profundas que las raíces de los árboles.

- El sistema de raíces del Vetiver es extremadamente profundo y forma una masa finamente estructurada que se extiende hacia abajo dos a tres metros (seis a nueve pies) en el primer año. En pendientes de relleno, muchos experimentos muestran que este pasto puede alcanzar 3.6m (12 pies) en 12 meses. (Nótese que el vetiver no penetra profundamente en la mesa de agua freática. por lo tanto, en sitios con mesa de agua alta, su sistema de raíces no se extiende tan largamente como en los suelos secos). El sistema de raíces grueso y extenso, amarra el suelo y lo hace muy difícil de remover, y también extremadamente tolerante a la sequía.

- Las raíces del Vetiver, tan fuertes o más fuertes que las de muchas especies leñosas, tienen una fuerza de tensión alta, lo que ha demostrado ser positivo para el reforzamiento por las raíces de pendientes inclinadas.

- Estas raíces tienen una fuerza de tensión promedio probada de alrededor de 75 MPa, que es equivalente a 1/6 del reforzamiento con acero blando, y un incremento de la resistencia al corte de 39% a una profundidad de 0.5m (1.5 pies).

- Las raíces del Vetiver pueden penetrar un perfil de suelo compactado como un "hardpan" o una capa de arcilla blocosa dura, muy comunes en suelos tropicales, proporcionando un buen anclaje para rellenos y material de suelo superficial.

- Cuando se plantan juntas y muy cercanas, las plantas de vetiver forman una barrera densa que reduce la velocidad del flujo superficial, y desvía la escorrentía, conformando un filtro muy eficiente que controla la erosión. Las barreras detienen el flujo y lo dispersan, permitiendo un mayor tiempo para que infiltre en el terreno.

- Al actuar como un filtro muy efectivo, las barreras de vetiver reducen la turbidez del escurrimiento superficial. Debido a que brotan nuevas raíces de los nudos que quedan enterrados en el sedimento, el vetiver se adapta continuamente al nuevo nivel del terreno. Se van formando terrazas en la cara superior de la barrera, este sedimento no debe ser removido nunca. El sedimento fértil usualmente contiene semillas de plantas locales, lo que facilita su restablecimiento.

- El Vetiver tolera variaciones climáticas y ambientales extremas, incluyendo sequías prolongadas, inundaciones y sumersión, y temperaturas extremas en un rango entre -14°C y 55°C (7° F a 131°F) (Truong et al, 1996).

- Este pasto rebrota muy rápido después de exponerse a sequías, heladas, salinización y otras condiciones de suelo adversas cuando cesan o son eliminados los efectos adversos.

- El Vetiver presenta un alto nivel de tolerancia a la acidez del suelo, salinidad, sodicidad y condiciones sulfato ácidas (Le van Du y Truong, 2003).

El Vetiver es muy efectivo cuando se planta junto a corta distancia sobre hileras en contorno en las pendientes. Las líneas de contorno con vetiver pueden estabilizar pendientes naturales, pendientes de corte y de relleno, y terraplenes de relleno. Su sistema de raíces profundo y vigoroso puede estabilizar estructuralmente las pendientes y al mismo tiempo su vástago dispersa la escorrentía superficial , reduce la erosión, y atrapa sedimentos que facilitan el crecimiento de especies nativas (Foto1).

Hengchaovanich (1998) también observó que el vetiver puede crecer verticalmente en pendientes con inclinaciones mayores a 150% (~56°). Su crecimiento rápido y reforzamiento sobresaliente lo hacen un mejor candidato para la estabilización de pendientes que otras plantas. Otra característica menos obvia que lo diferencia de los árboles es la capacidad de penetración de sus raíces. Su fuerza y vigor le permiten penetrar suelos difíciles, capas endurecidas, y capas rocosas con puntos débiles. Puede atravesar incluso pavimentos de asfalto y concreto. El mismo autor caracteriza las raíces de vetiver como "pilotes vivientes" de 2-3m (6-9 pies) usados comúnmente en "enfoques duros" en trabajos de estabilización de pendientes. Combinado con su capacidad de establecerse rápidamente en condiciones de suelo difíciles, todas estas características hacen al vetiver una planta más apropiada para la estabilización de taludes en comparación con otras

Foto 1: El Vetiver forma un biofiltro grueso y efectivo (izquierda) y debajo de a la superficie (derecha).

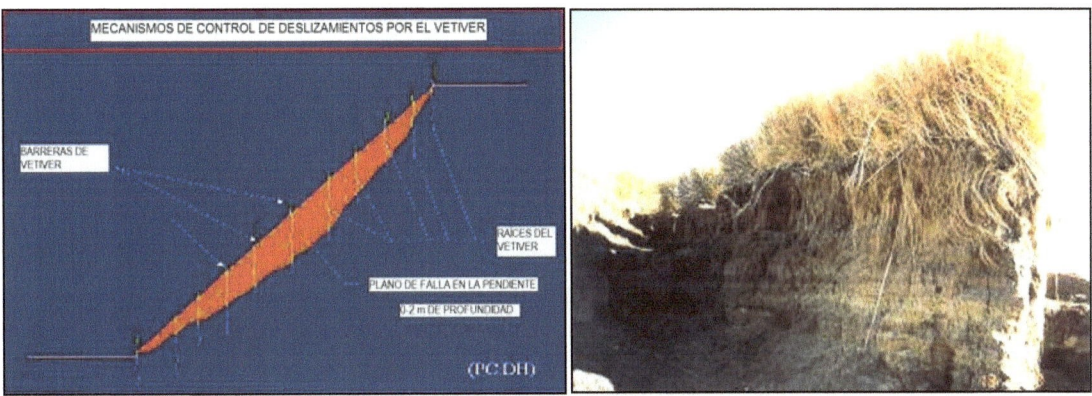

Figura 1: Izquierda: principios de estabilización de pendientes con el vetiver; derecha: las raíces de Vetiver refuerzan esta pared de dique protegiéndola de ser arrastrada por las crecidas e inundaciones.

3.2 Características del vetiver adecuadas para la mitigación de desastres asociados con el agua

Para reducir el impacto de desastres asociados con el agua tales como las inundaciones, erosión de banco de río y costera, inestabilidad de diques y represas, el vetiver se siembra en hileras ya sea paralelas a o cruzando la dirección del flujo del agua o de las olas. Sus características adicionales únicas son muy útiles:

- Dada la extraordinaria profundidad y fortaleza de sus raíces, el vetiver maduro es extremadamente resistente a ser arrastrado por flujos de alta velocidad. El vetiver plantado en el norte de Queensland (Australia) ha soportado velocidades de flujos superiores a 3,5m/s (10 pies/s) en ríos bajo situaciones de inundación y, en el sur de Queensland, hasta de 5m/s (15 pies/s) en un canal de drenaje inundado.
- En situaciones de flujos superficiales o de baja velocidad, los tallos erguidos y firmes del vetiver actúan como una barrera que reduce la velocidad del flujo (p. ej. incrementando la resistencia hidráulica) y atrapa el sedimento erosionado. De hecho, el puede mantener su follaje erecto en un flujo con profundidades de 0,6-0,8m (24-31 pulgadas).
- Las hojas del vetiver se desprenden con flujos más profundos y veloces, suministrando una protección extra a la superficie del suelo y a la vez reduciendo la velocidad del flujo.
- Cuando se planta en estructuras que retienen agua como diques y represas, las barreras de vetiver ayudan a reducir la velocidad del flujo, disminuyen el nivel máximo de las olas y la erosión que éstas causan, y reducen el volumen de agua cuando ésta sobrepasa la estructura o la que pudiese entrar en las áreas protegidas por la misma. Estas barreras también ayudan a reducir la erosión regresiva que ocurre a menudo cuando el flujo del agua o el de las olas se retira, luego de haber subido sobre la estructura .

- Como planta de pantanos, el vetiver resiste sumersión prolongada. Experiencias en China demuestran que el vetiver sobrevivió más de dos meses bajo aguas claras.

3.3 Tensión y fuerzas de corte de las raíces de vetiver

Hengchaovanich y Nilaweera (1996) encontraron que la fuerza de tensión de las raíces de vetiver se incrementa con una reducción en el diámetro de las raíces, lo que implica que las raíces finas, más fuertes, suministran mayor resistencia que las raíces gruesas. La fuerza de tensión de las raíces del vetiver varía entre 40-180 MPa en un rango de diámetro de raíces entre 0,2-2,2 mm (0,008-0,08 pulgadas). La fuerza de tensión promedio de diseño es de 75 MPa para diámetros de raíz de 0,7-0,8 mm (0.03 pulgadas), que es el tamaño más común de raíces de vetiver, y es equivalente aproximadamente a un sexto del acero blando. Por lo tanto, las raíces de vetiver son tan fuertes o más fuertes que las de muchas especies leñosas que han sido probadas positivamente para el refuerzo de pendientes (Figura 2 y Cuadro 4).

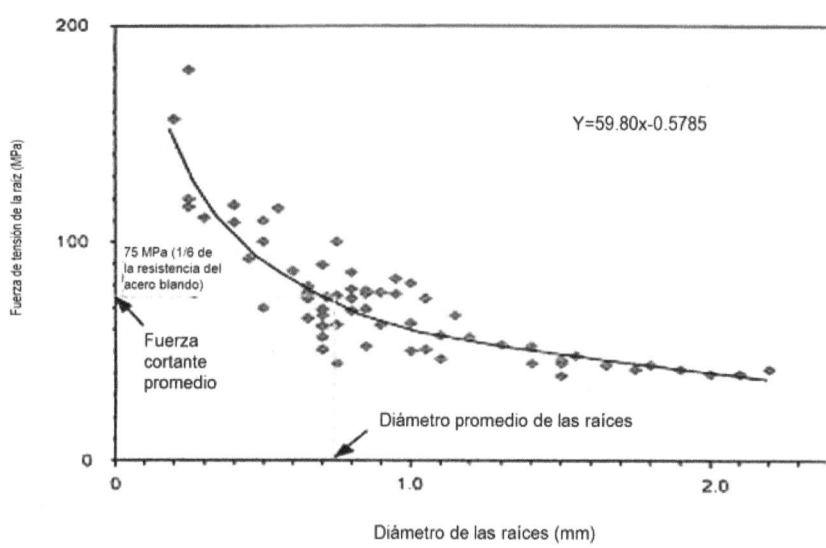

Figura 2: Distribución del diámetro de las raíces

En una prueba de resistencia al corte en un bloque de suelo, Hengchaovanich y Nilaweera (1996) también encontraron que la penetración de raíces de una barrera de vetiver de dos años de establecida con una separación entre plantas de 15cm (6 pulgadas) se puede aumentar la resistencia al corte del suelo en los 50 cm (20") de la anchura de la franja adyacente en un 90% a 0,25 m (10 pulgadas) de profundidad. El incremento fue del 39% a 0,50 m (1,5 pies) de profundidad y gradualmente se redujo a 12,5% a un metro (3 pies) de profundidad. Además, el sistema de raíces denso y masivo del vetiver ofrece un mayor incremento de la resistencia al corte por unidad de concentración de fibra (6-10 kPa/kg de raíz por metro cúbico de suelo) en comparación con 3,2-3,7 kPa/kg de raíz de árboles (Fig.3). Los autores explican que cuando las raíces de las plantas atraviesan el plano de una superficie potencial de corte en un perfil de suelo, distorsión de la zona de corte desarrollándose una tensión en las raíces. El componente de esta tensión tangencial a la zona de corte resiste directamente al corte, mientras que el componente de la normal incrementa la presión de confinamiento en el plano de corte.

Cheng et al (2003) complementaron las investigaciones sobre resistencia de la raíz realizadas por Diti Hengchaovanich conduciendo ensayos posteriores en otros pastos - Cuadro 5. Aunque el vetiver tiene las raíces más finas en segundo lugar, su fuerza de tensión es casi tres veces mayor que la del resto de las plantas evaluadas.

Cuadro 4: Fuerza de tensión de la raíz de algunas plantas

Nombre botánico	Nombre común	Fuerza de tensión (MPa)
Salix spp	Sauce	9-36
Populus spp	Poplars	5-38
Alnus spp	Alisos	4-74
Pseudotsuga spp	Abeto de Douglas	19-61
Acer sacharinum	Arce plateado ó Arce del azúcar	15-30
Tsuga heterophylla	Hemlock occidental o Tsuga Hemlock	27
Vaccinum spp	Arándano	16
Hordeum vulgare	Cebada	15-31
	Pastos, Hierbas	2-20
	Musgos	2-7 kPa
Chrysopogon zizanioides	Pasto Vetiver	40-120 (promedio 75)

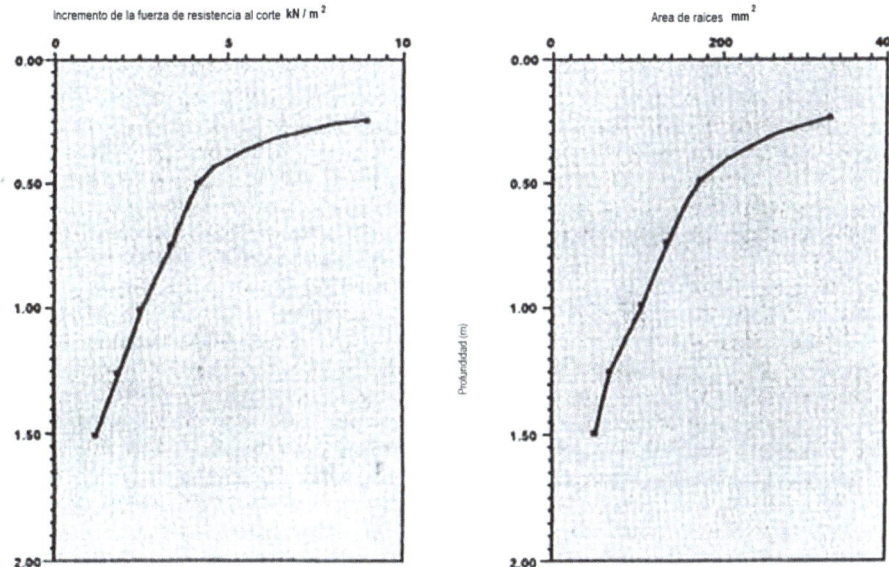

Figura 3. Fuerzas de resistencia al corte de la raíz del vetiver

Cuadro 5: Diámetro y fuerza de tensión de la raíz de varias hierbas.

Pasto, grama o hierba	Diámetro promedio de la raíz (mm)	Fuerza de tensión promedio(MPa)
Juncia (Juncellus serotinus)	0,38±0,43	24,50±4,2
Pasto miel, grama de agua (Paspalum dilatatum)	0,92±0,28	19,74±3,00
Trébol blanco (Trifolium repens)	0,91±0,11	24,64±3,36
Vetiver	0,66±0,32	85,10±31,2
Grama cienpiés (Eremochioa ophiuroides)	0,66±0,05	27,30±1,74
Pasto Bahía (Paspalum notatum)	0,73±0,07	19,23±3,59
Grama de Manila (Zoysia)	0,77±0,67	17,55±2,85
Pasto Bermuda (Cynodon dactylon)	0,99±0,17	13,45±2,18

3.4 Caracaterísticas hidráulicas

Al sembrarse en hileras, las plantas de vetiver forman barreras densas; sus tallos firmes permiten que estas densas barreras se mantengan erguidas por encima de los 0,6-0.8m (2-2,6') al menos, formando una barrera viva que hace más lenta la escorrentía y la dispersa. Cuando se planifican apropiadamente, estas barreras son estructuras muy efectivas que dispersan y derivan el agua de escorrentía hacia áreas estables o drenajes apro-

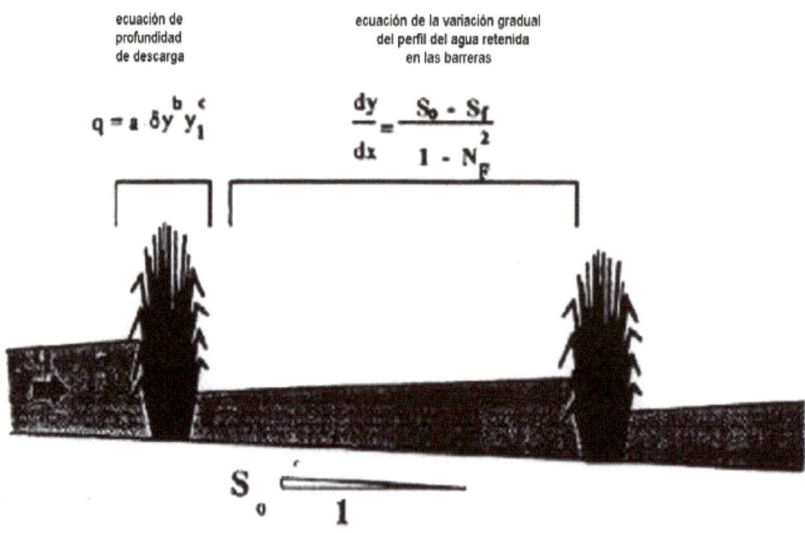

piados para una descarga segura.

Donde:

q = descarga por unidad de ancho   y = profundidad del flujo y_1 = profundidad aguas arriba

S_o = pendiente del terreno S_f = energía de la pendiente N_F = el número Froude del flujo

Figura 4: Modelo hidráulico de una inundación atravesando barreras de vetiver.

Ensayos con canales de flujo conducidos en la Universidad del Sur de Queensland para estudiar el diseño y la incorporación del vetiver en un trazado entre franjas de cultivo para la mitigación de inundaciones, confirmaron las características hidráulicas de las barreras de vetiver en flujos profundos (Figura 4). Las barreras redujeron sucesivamente la velocidad de las inundaciones y limitaron el movimiento del suelo; franjas en barbecho sufrieron muy poca erosión, y un cultivo de sorgo joven fue protegido completamente del daño de la inundación (Dalton et al, 1996).

3.5 Presión de agua en los poros

La cobertura vegetal en las tierras en pendientes incrementa la infiltración del agua. Existe la preocupación de que el excedente de agua incrementa la presión de agua en los poros del suelo y promueve la inestabilidad de la pendiente. Sin embargo, observaciones de campo muestran en realidad una mejora. Primero, al plantar en líneas en contorno o líneas de patrones modificados que atrapan y dispersan el agua de escorrentía en la pendiente, el sistema de raíces del vetiver y el efecto de flujo de paso distribuye el agua excedente más uniformemente y de manera gradual, ayudando a prevenir acumulaciones locales.

Segundo, el probable incremento de la infiltración es compensado por una tasa de agotamiento mayor y más gradual del agua del suelo por el pasto. Investigaciones sobre la competencia por el agua en el suelo en cultivos en Australia (Dalton et al, 1996) muestran que, bajo unas condiciones de poca precipitación, el agotamiento de la humedad del suelo puede alcanzar hasta 1,5m (4,5 pies) desde las barreras. Esto incrementa la infiltración de agua en esa zona, promoviendo la reducción del agua de escorrentía y las tasas de erosión. Desde una perspectiva geotécnica, estas condiciones ayudan a mantener la estabilidad de la pendiente. En pendientes muy inclinadas (30-60°), el espacio vertical entre barreras de 1m (3 pies) IV (Intervalo Vertical) es muy corto. Por lo tanto, el agotamiento de la humedad será mayor y mejorará aun más el proceso de estabilización de la pendiente. Sin embargo, para reducir los efectos potencialmente dañinos en pendientes inclinadas en zonas de alta precipitación, las barreras de vetiver deben ser plantadas con un gradiente de 0,5% como se hace con las terrazas de drenaje para desviar el agua excedente hacia drenajes de salida estables (Hengchaovanich, 1998).

3.6 Aplicaciones del SV en la mitigación de desastres naturales y protección de infraestructura

Debido a sus características únicas, el vetiver es generalmente muy útil en controlar la erosión en taludes de corte y relleno y en otras pendientes asociadas con la construcción de carreteras, y particularmente efectivo en suelos altamente erosionables y separables, tales como los sódicos, alcalinos, ácidos y sulfato ácidos.
Las siembras de Vetiver han sido muy efectivas en el control de la erosión o estabilización en las siguientes condiciones:

- Estabilización de pendientes a lo largo de autopistas y vías férreas. Especialmente efectivo en trayectos montañosos de carreteras rurales, donde las comunidades carecen de suficientes fondos para la estabilización de las carreteras y donde frecuentemente toman parte en la construcción de la vía.
- La estabilización de taludes en diques y represas, la reducción de la erosión en bancos de río, canales y líneas costeras y la protección de estructuras rígidas propiamente (ej. enrocados, muros de contención de concreto, gaviones, etc.).
- Pendientes sobre la entrada y la salida de las alcantarillas (cunetas, alcantarillas, y sus bases).
- La interfaz entre estructuras de cemento y roca y superficies de suelo erosionables.
- Como franja filtrante en la entrada de alcantarillas.
- Para reducir la energía en la salida de las alcantarillas.
- Para estabilización de la erosión de cabecera en cárcavas, sembrando las barreras de vetiver en contorno sobre ellas.
- Para eliminar la erosión causada por la acción de las olas, plantando unas pocas hileras de vetiver en el borde de la línea o cota de agua más alta en taludes de grandes diques en tierras agrícolas y en bancos

de río.

- En plantaciones forestales, para estabilizar los hombros de las carreteras de acceso en pendientes muy inclinadas así como las cárcavas (en senderos/caminos) que se desarrollan después de las cosechas.

Debido a sus características únicas, el vetiver controla efectivamente desastres asociados con el agua como inundaciones, erosión de banco de río y de líneas costeras, erosión de diques y represas, y en general la inestabilidad. También protege puentes, bases de alcantarillas y la interfaz entre estructuras de cemento /roca y el suelo. El Vetiver es particularmente efectivo en áreas dónde el relleno del terraplén es altamente erosionable y separable, como en el caso de suelos sódicos, alcalinos, y ácidos (incluyendo los suelos sulfato ácidos).

3.7 Ventajas y desventajas del Sistema Vetiver (SV)
Ventajas:

- La mayor ventaja del SV sobre medidas convencionales de ingeniería es su bajo costo y larga duración. Para la estabilización de taludes en China, por ejemplo, el ahorro está por el orden de 85-90% (Xie, 1997 y Xia et al, 1999). En Australia, la ventaja en costos del SV sobre los métodos de ingeniería convencionales está en el rango de 64% a 72%, dependiendo del método usado (Bracken y Truong 2001). En resumen, sus máximos costos son sólo 30% de los costos de las medidas tradicionales. Adicionalmente, los costos anuales de mantenimiento son reducidos significativamente una vez que las barreras de vetiver se han establecido.
- Como en otras tecnologías de la bioingeniería, el SV es una manera natural, ambientalmente amigable de controlar erosión y estabilizar los terrenos. Suaviza la apariencia dura de medidas de ingeniería convencionales como las estructuras de concreto y de roca, lo cual es muy importante en zonas urbanas y semi rurales dónde las comunidades locales rechazan la apariencia desagradable de las obras de infraestructura.
- Los costos de mantenimiento a largo plazo son bajos. En contraste con las obras de ingeniería convencionales, la tecnología verde mejora en la medida que madura la cobertura vegetal. El SV requiere un sistema de mantenimiento en los primeros dos años; sin embargo, una vez establecido, será virtualmente libre de mantenimiento. Por lo tanto, el uso del vetiver es particularmente apropiado para áreas remotas dónde los costos de mantenimiento son altos y las condiciones difíciles.
- El vetiver es muy efectivo en suelos pobres y muy erosionables y separables.
- El SV es muy apropiado en áreas dónde la mano de obra es de bajo costo.
- Las barreras de vetiver son naturales, una técnica de bioingeniería suave, y eco-amigable en comparación con estructuras rígidas y duras.

Desventajas:

- La principal desventaja de las aplicaciones del SV es su intolerancia a condiciones de sombra, específicamente en la etapa de establecimiento. La sombra parcial afecta su crecimiento; la sombra severa puede eliminar el vetiver al reducir su capacidad de competir con otras especies más tolerantes a la sombra. Sin embargo, esta debilidad puede ser deseable en situaciones dónde la estabilización inicial requiere de plantas pioneras que creen un micro ambiente que hospede la introducción espontánea o planeada de especies nativas endémicas.
- El Sistema Vetiver es efectivo sólo cuando las plantas están bien establecidas. Una planificación efectiva debe considerar un período de establecimiento de 2-3 meses en clima cálido y 4-6 meses en tiempos de clima frío. Para evitar retrasos, la siembra puede hacerse plantando con antelación, en la época seca si se dispone de riego.
- Las barreras de Vetiver son efectivas plenamente sólo cuando forman una barrera densa. Los huecos entre plantas deben ser replantados a tiempo..
- Es difícil plantar y regar vegetación en pendientes muy inclinadas y altas.
- El vetiver requiere protección del ganado durante sus fases de establecimiento.

Basado en estas consideraciones, las ventajas de usar el SV como una herramienta en bioingeniería superan las desventajas, en especial cuando el vetiver es usado como una planta pionera.

Hay evidencia a nivel mundial que sustenta el uso del SV para estabilizar taludes. El vetiver ha sido usado exitosamente para estabilizar bordes de carreteras, entre otros, en Australia, Brasil, América Central, China, Etiopía, Fiji, India, Italia, Madagascar, Malasia, Filipinas, Sur África, Sri Lanka, Venezuela, Vietnam, y las Indias Orientales. Usado en conjunto con otras aplicaciones geotécnicas, el vetiver ha sido utilizado para estabilizar taludes en Nepal y Sur África.

3.8 Combinación con otros tipos de remediación
El vetiver es efectivo por sí mismo y combinado con otros sistemas tradicionales. Por ejemplo, en una sección dada de un banco de río o de un dique, una cobertura con rocas o concreto puede reforzar la parte que va sumergida, y el vetiver puede reforzar la parte superior. Esta aplicación en paralelo crea un factor de estabilidad y seguridad (que no siempre son ciertas y/o necesarias). El vetiver también puede ser plantado con bambú, una planta usada tradicionalmente para proteger los bancos de río. Las experiencias han demostrado que usar sólo bambú tiene muchos inconvenientes que se pueden superar al añadir el vetiver. Como se dijo anteriormente, cuando el bambú es arrastrado puede crear serios problemas en los ríos con puentes que presentan un nivel bajo.

3.9 Modelaje computarizado
Los programas (software) desarrollados por Prati Amati, Srl (2006) en colaboración con la Universidad de Milán determinan el porcentaje o cantidad de las fuerzas de resistencia al corte que las raíces del vetiver añaden a varios suelos con barreras de vetiver. El programa ayuda a evaluar la contribución para estabilizar taludes inclinados, particularmente diques de tierra. En condiciones promedio de pendiente y suelo, la instalación de las barreras de vetiver incrementa la estabilidad de la pendiente en un 40%.

La utilización del programa requiere que el operador introduzca los siguientes parámetros geotécnicos relacionados con un sitio particular:
- Tipo de suelo.
- Grado de la pendiente.
- Máximo contenido de humedad
- Cohesión del suelo en su valor mínimo.

El programa indica el número de plantas por metro cuadrado requeridas así como el distanciamiento entre hileras, considerando el grado de la pendiente. Por ejemplo:
- una pendiente de 30° requiere seis plantas por metro cuadrado (p.ej. 7-10 plantas por metro lineal) y una distancia entre hileras alrededor de 1,7 m (5,7 pies).
- una pendiente de 45° requiere 10 plantas por metro cuadrado (p.ej. 7-10 plantas por metro lineal) y una distancia entre hileras cercana a 1 m (3 pies).

4. DISEÑO Y TÉCNICAS APROPIADAS

4.1 Precauciones
EL SV es una tecnología nueva, y como tal, sus principios deben ser estudiados y aplicados apropiadamente para obtener los mejores resultados No seguir los fundamentos básicos puede acarrear frustraciones, y peor aún, resultados adversos. Como una técnica de conservación de suelos, y más recientemente, como una herramienta en bioingeniería, la aplicación efectiva del SV requiere un conocimiento de la biología, ciencias del

suelo, hidráulica, hidrología, y principios geotécnicos. Por lo tanto, para proyectos de mediana a gran escala, que involucran diseños y construcciones de ingeniería significativos, es mejor que el SV sea aplicado por especialistas con experiencia más que por los lugareños. Sin embargo, el conocimiento de enfoques participativos y de manejo apoyado en las comunidades locales es también muy importante. Por ello, la tecnología debe ser diseñada e implementada por expertos en el uso del vetiver, en asociación con un agrónomo y un ingeniero geotécnico, y con la asistencia de los campesinos y agricultores locales.

Además, aunque es un pasto, el vetiver se comporta más como un árbol, debido a su extenso y profundo sistema de raíces. Para añadir más a la confusión, el SV puede explotar y aprovechar diferentes características del vetiver para diferentes aplicaciones. Por ejemplo, sus raíces profundas estabilizan el terreno, su denso follaje atrapa sedimentos y dispersa el agua, y su extraordinaria tolerancia a condiciones hostiles le permite rehabilitar suelos y agua contaminados.

Las fallas del SV pueden, en la mayoría de los casos, ser atribuidas a malas aplicaciones más que a la planta en sí misma o a la tecnología recomendada. Por ejemplo, en un caso, el vetiver fue utilizado en Filipinas para estabilizar taludes en una autopista nueva. Los resultados fueron muy decepcionantes y ocurrieron fallas. Luego se supo que los ingenieros que especificaron el SV, el vivero que suministró las plantas, y los supervisores de campo y obreros que ejecutaron la siembra, carecían de experiencia o entrenamiento previo en el uso del SV para la estabilización de pendientes inclinadas.

La experiencia en Vietnam demuestra que el vetiver ha sido empleado muy exitosamente cuando este es aplicado correctamente. No es de sorprenderse, que aplicaciones incorrectas puedan fallar. Trabajos en las Tierras Altas Centrales de Vietnam demuestran que el vetiver ha protegido efectivamente taludes de carreteras. Sin embargo, entre las masivas aplicaciones en pendientes muy altas e inclinadas sin terraceamiento, a lo largo de la autopista Ho Chi Minh, se han producido algunas fallas. En resumen, para asegurar el éxito, los políticos, diseñadores e ingenieros que planean el uso del Sistema Vetiver para la protección de infraestructura deben considerar las siguientes precauciones:

Precauciones técnicas:
- Para asegurar el éxito, el diseño debe ser realizado o supervisado por personas entrenadas.
- Al menos por los primeros meses, mientras las plantas se establecen, el sitio debe ser estable internamente en contraposición a la ocurrencia de fallas. El vetiver manifiesta sus plenas capacidades cuando madura, y las pendientes pueden fallar durante el período de establecimiento.
- El SV es aplicable sólo a pendientes de tierra con inclinaciones que no deben nunca exceder 45-50°
- El vetiver crece muy pobremente en la sombra, por lo que plantarlo directamente debajo de un puente u otro tipo de estructura que cause sombra debe evitarse.

Precauciones para los políticos, planificadores y organizaciones:
- Tiempo: la planificación debe considerar las estaciones o temporadas y el tiempo que le toma crecer a los materiales plantados.
- Mantenimiento y reparación: en etapas tempranas, hay un período durante el cual todavía el vetiver no es efectivo. La planificación y el presupuesto deben anticipar el remplazo de algunas plantas.
- Suministros: Todos los insumos pueden y deben ser suministrados localmente (mano de obra, estiércol, material de plantación, contratos de mantenimiento). Las oportunidades de empleo dan un incentivo a las comunidades locales para proteger las plantas durante su infancia y adolescencia, y para mantener la calidad y sustentabilidad de los trabajos.
- Participación de la Comunidad: tanto como sea posible, las comunidades locales deben ser incluidas

en el diseño, mantenimiento, suministro de materiales, y etapas de mantenimiento. Los contratos con personas de la localidad deben ser definidos, señalando viveros, especificaciones de calidad/ cantidad, y mantenimiento/protección.

- Oportunidad: Los que toman las decisiones deben estar listos para innovar y considerar el SV en la planificación y el presupuesto. Para ello, se necesitan incentivos para incluir esos métodos eficientes en los costos de sus planes, tal como se tienen incentivos, justificables o no, para adoptar métodos convencionales más costosos.
- Integración: Los políticos deben recomendar el Sistema Vetiver como parte de un enfoque integral de la protección de infraestructuras, aplicado a una escala de suficiente tamaño que asegure un incremento tangible en expertica y un efecto gradual de diseminación. El vetiver no debe ser considerado meramente como un estabilizador para sitios localmente comprometidos, a pesar de su habilidad de generar un efecto conciso e inmediato.

4.2 Momento de realizar la plantación

La instalación de las plantas de vetiver es crítica para el éxito y el costo del proyecto. Plantar en la época seca requiere de riego abundante y costoso. La experiencia en Vietnam Central demuestra que se requiere un riego diario o dos veces al día para establecer vetiver en las condiciones extremadamente difíciles de las dunas de arena. El crecimiento se retrasa en la ausencia de agua. Debido a que es difícil seleccionar el mejor momento para plantar grandes cantidades de plantas en taludes de corte a lo largo de la autopista Ho Chi Minh, por ejemplo, el riego mecánico es necesario diariamente durante los primeros meses.

El vetiver generalmente necesita de 3-4 meses para llegar a establecerse, algunas veces hasta 5-6 meses en condiciones adversas. Debido a que el vetiver es efectivo plenamente a la edad de 9-10 meses, las plantaciones masivas deben ocurrir al principio de la estación lluviosa por tanto el desarrollo y producción de plantas en el vivero debe planificarse para satisfacer el cronograma de plantación masivo.

En el Norte de Vietnam en particular, es posible plantar durante el período de invierno-primavera. Cuando las temperaturas descienden por debajo de 10°C (50°F) en el Norte de Vietnam, el pasto no crece. Sin embargo, en este período, las plantas pueden sobrevivir al clima frío y reactivar el crecimiento inmediatamente cuando las lluvias de invierno comienzan y el clima se calienta.

En Vietnam Central, donde la temperatura del aire normalmente está sobre los 15°C (59°F), la plantación masiva de vetiver se efectúa al principio de la primavera. Los viveros requieren más cuidado para asegurar un buen crecimiento y multiplicación de los esquejes o hijos.

4.3 Vivero

El éxito de cualquier proyecto depende de la buena calidad y suficiente número de hijos de vetiver. Los detalles del vivero y la propagación del vetiver se discuten en la Parte 2. Por lo general, no se requieren grandes viveros para suministrar suficiente material para la siembra. En su lugar, los agricultores individuales pueden instalar y supervisar pequeños viveros (unos pocos cientos de metros cuadrados cada uno). Los mismos serán contratados y pagados por el proyecto de acuerdo al número de hijos que puedan proveer de acuerdo a los pedidos.

4.4 Preparación para la siembra de vetiver

En aquellos casos en que las siembras masivas de vetiver involucren la participación de los lugareños, una campaña de siembra efectiva debe incluir las siguientes etapas:

Etapa 1:   Los expertos visitan los sitios, y llevan a cabo un inventario para identificar los problemas y

---

diseñar las aplicaciones de la tecnología;

Etapa 2:   Discutir los problemas y las soluciones alternativas con la comunidad local;

Etapa 3:   Utilizar talleres y cursos de entrenamiento para introducir la nueva tecnología;

Etapa 4:   Organizar ensayos demostrativos, mediante el establecimiento de viveros, realizar los contratos de compra de plantas, mantenimientos, etc.;

Etapa 5:   Hacer seguimiento a la ejecución;

Etapa 6:   Discutir los resultados de las pruebas, talleres de seguimiento, visitas de intercambio en campo, etc.;

Etapa 7:   Organizar la siembra en masa.

En aquellos casos en que las siembras en masa son realizadas por compañías especializadas, se recomiendan las etapas 1, 4, 5 . Sin embargo, la participación local es todavía recomendable para aumentar la conciencia, evitar el vandalismo y asegurar que los hijos o "esquejes" de vetiver sean protegidos de los animales.

4.5 Especificaciones del trazado

4.5.1 Pendientes naturales, pendientes de corte, taludes de carreteras, etc.

Para estabilizar pendientes naturales, pendientes de corte y taludes de carretera, aplican las siguientes especificaciones:

- Los taludes de la pendiente no deben exceder 1(H) [horizontal]:1(V) [vertical] o 45°, se recomienda un gradiente de 1,5:1. Gradientes menores son deseables siempre que sean posibles, especialmente en suelos erosionables y/o en zonas de alta precipitación.
- El vetiver debe ser plantado en sentido contrario a la pendiente en líneas de contorno aproximadas con un intervalo vertical (IV) entre 1,0-2,0m (3-6 pies), medido pendiente abajo. El espaciamiento de 1.0m (3') debe ser utilizado en suelos muy erosionables, que puede incrementarse hasta 1,5-2,0m (4,5-6 pies) en suelos más estables.
- La primera hilera debe sembrarse en el borde superior del talud. Esta barrera debe colocarse en todos los taludes con alturas mayores a 1,5m (4,5 pies).
- La hilera de abajo debe sembrarse en el fondo, al pie del talud. En taludes de corte a lo largo de la cuneta de drenaje.
- Entre estas hileras, el vetiver debe sembrarse como se específico arriba.
- Se recomienda el banqueo o terraceo de 1-3 m (3-9 pies) de ancho por cada 5-8 m (15-24 pies) IV para pendientes mayores de los 10 m (30 pies).

4.5.2 Bancos de río, erosión costera, y estructuras de retención de agua inestables

Para la mitigación de desastres y la protección de las costas, bancos de río y diques/terraplenes, se recomiendan las siguientes especificaciones de trazado:

- La máxima pendiente del banco no debe exceder 1,5(H):1(V). La pendiente recomendada para el banco es de 2,5:1. Por ejemplo: los sistemas de diques marinos en Hai Hau (Nam Dinh) están construidos con una pendiente del banco de 3:1 a 4:1.
- El vetiver debe plantarse en dos direcciones:
  - Para la estabilización de bancos, el vetiver debe sembrarse en hileras paralelas a la dirección del flujo (horizontal), en lineas de contorno aproximadas 0,8-1,0m (2,5-3 pies) de separación (medido en dirección de la pendiente). Un trazado reciente en el sistema de diques de Hai Hau (Nam Dinh) incluyó especificaciones que redujeron el espaciamiento a 0,25 m (0,8 pies).
  - Para reducir la velocidad del flujo, el vetiver debe sembrarse en hileras normales (ángulo recto) al flujo y espaciadas 2,0m (6 pies) en suelos erosionables y 4,0m (12 pies) en suelos estables. Como protección suplementaria, las hileras normales se sembraron 1,0m (3 pies) separadas del dique del

río en Quang Ngai, por ejemplo

- La primera línea horizontal debe sembrarse en la cresta del banco y la última hilera debe plantarse en la línea más baja del nivel del agua del banco. Ya que el nivel del agua en algunas localidades cambia por temporadas, el vetiver puede sembrarse más abajo en el banco, cuando el momento sea propicio.
- El vetiver debe plantarse en contorno a lo largo de la longitud del banco entre las hileras superior e inferior a la distancia especificada arriba.
- Debido a los altos niveles del agua, las hileras de abajo pueden establecerse más lentamente que las de arriba. En esos casos, las hileras inferiores deben sembrarse cuando el suelo está más seco. En algunas aplicaciones del SV, se protegen diques anti salinidad. En estos casos, el agua puede encontrarse más salada en ciertas épocas del año, lo que puede afectar el crecimiento del vetiver. Las experiencias en Quang Ngai muestran que el vetiver puede ser remplazado por algunas especies locales tolerantes a la salinidad, incluyendo el helecho mangle.
- Para todas las aplicaciones, el SV puede ser usado en combinación con otras medidas estructurales tradicionales tales como recubrimientos con roca o concreto, y muros de retención. Por ejemplo, la parte inferior del dique /terraplén puede ser cubierta por una combinación de roca y concreto y geotextiles mientras la mitad superior es protegida con barreras de vetiver.

4.6 Especificaciones de siembra
- Cavar zanjas que sean de 15 a 20cm (6-8 pulgadas) de ancho y profundidad.
- Localizar plantas bien enraizadas (con 2-3 brotes) en el centro de cada hilera a intervalos de 100-120mm (4-5 pulgadas) en suelos erosionables, y a 150mm (6 pulgadas) para suelos normales.
- Debido a que los suelos en las pendientes, taludes de carreteras y rellenos en diques/terraplenes no son fértiles, se recomienda el uso de plantas producidas en contenedores (bolsas, tubetes) para siembras de gran escala y lograr un establecimiento rápido. La adición de un poco de buena mezcla de suelo-estiércol es recomendable. Para proteger los bancos de río donde el suelo es usualmente fértil y donde el agua de riego es de fácil acceso, las plantas a raíz desnuda son apropiadas.
- Cubra las raíces con 20-40mm (1-2 pulgadas) de suelo y compáctelo firmemente.
- Fertilice con Nitrógeno y fósforo cómo el FDA (Fosfato Di Amónico) ó NPK (nótese que por experiencia el vetiver no responde significativamente a las aplicaciones de potasio) a 100g (3.5oz) por metro de hilera. La misma cantidad de cal puede ser necesaria cuando se planta en suelos sulfato ácidos.
- Riegue el mismo día de la siembra.
- Para reducir el control de malezas durante la etapa de establecimiento, puede utilizarse un herbicida pre-emergente como la Atrazina.

4.7 Mantenimiento
Riego
- En clima seco, riegue diariamente durante las dos primeras semanas después de la siembra y luego un día de por medio.
- Riegue dos veces por semana hasta que las plantas se establezcan completamente.
- Las plantas adultas no requieren más riego.

Resiembra
- Durante el primer mes después de la siembra, reponga todas las plantas que fallen en su establecimiento o hayan sido arrastradas.
- Continúe las inspecciones hasta que las plantas se hayan establecido apropiadamente.

Control de malezas
- Controle las malezas, especialmente las trepadoras, durante el primer año.
- NO USE el herbicida Round Up (glifosato). El vetiver es muy sensible al glifosato, por lo que este no debe ser usado para controlar las malezas entre las hileras.

Fertilización
En suelos infértiles, FDA o fertilizante NPK debe aplicarse al principio de la segunda temporada de lluvias.

Poda
Después de cinco meses, las podas regulares son muy importantes. Las barreras deben ser cortadas a unos 15-20 cm (6-8") sobre el nivel del terreno. Esta técnica simple promueve el desarrollo de nuevos brotes desde la base y reduce el volumen de hojas secas que de otra manera pueden sombrear los brotes jóvenes. La poda es también importante para mejorar la apariencia de las barreras secas y para disminuir el riesgo de incendios.

Las hojas frescas cortadas pueden ser usadas como forraje para el ganado, para artesanías, e incluso para hacer techos. Por favor, note que el vetiver empleado para reducir desastres naturales no debe ser sobreutilizado para otros fines secundarios. Se pueden realizar podas sucesivas dos a tres veces al año. Se debe tener cuidado de que la planta tenga largas hojas durante la temporada de tifones[1]. El vetiver puede ser podado inmediatamente después que termine la temporada de tifones. Otra época apropiada para la poda podría ser unos tres meses antes del inicio de la temporada de tifones.

Cercado y cuidos
Durante los meses del período de establecimiento, puede ser necesario cercar y cuidar el vetiver para protegerlo del vandalismo y del ganado. Los viejos tallos del vetiver maduro son suficientemente duros para desalentar al ganado. Cuando sea necesario, se recomienda cercar el área para proteger el vetiver durante los meses iniciales después de la siembra.

5. APLICACIONES DEL SV PARA LA REDUCCIÓN DE DESASTRES NATURALES Y LA PROTECCIÓN DE INFRAESTRUCTURA EN VIETNAM

5.1 Aplicación del SV para la protección de dunas en Vietnam Central
Una vasta zona, de más de 70,000 ha (175,000 acres), a lo largo de la línea costera de Vietnam Central está cubierta por dunas de arena dónde las condiciones climáticas y de suelos son muy severas. Las tormentas de arena ocurren cuando las dunas migran bajo la acción de los vientos. El flujo de las arenas también toma lugar debido a la acción de numerosos cauces permanentes y temporales. Los vientos y las aguas transportan grandes cantidades de arena de tierra adentro hacia la estrecha planicie costera. A lo largo de la línea costera de Vietnam Central, lenguas de arena gigantes llegan a la planicie día tras día. El gobierno ha implementado desde hace un tiempo programas de reforestación usando variedades como las casuarinas, la piña silvestre, eucaliptos, y acacias. Sin embargo, cuando están completamente bien establecidas, solo pueden ayudar a reducir el movimiento de arenas por el viento. Hasta ahora, no ha habido forma de reducir el flujo de arenas (los árboles no pueden estabilizar las dunas de arena, especialmente en su fase de deslizamiento, esto se intentó a un alto costo en África del Norte por la FAO y fracasó).

---
1. Nota del traductor: Los tifones, también denominados ciclones y huracanes dependiendo de la región, son tormentas extremas de copiosa precipitación acompañada de fuertes vientos

5.1.1 Ensayo de aplicación y promoción del SV para la estabilización de dunas de arena en la provincia costera de Quang Binh

En Febrero del 2002, con el apoyo financiero de un pequeño programa de la Embajada Holandesa y apoyo técnico de Elise Pinners y Pham Hong Duc Phuoc, Tran Tan Van de RIGMR inició un experimento para estabilizar dunas de arena a lo largo de la línea costera de Vietnam Central. Una duna de arena se encontraba muy erosionada por un cauce que servía de lindero natural entre los agricultores y una empresa forestal. La erosión había ocurrido por muchos años, generando un conflicto creciente entre los dos grupos. El vetiver fue sembrado en líneas de contorno en la duna de arena. Después de cuatro meses se formaron barreras densas y se estabilizó la duna. La empresa forestal estaba tan sorprendida que decidió realizar de manera masiva siembras de vetiver en otras dunas de arena e incluso para proteger las bases de un puente. Más adelante, el vetiver también sorprendió a la comunidad local al sobrevivir el invierno más frío en diez años, en el cual la temperatura descendió por debajo de 10°C (50°F), forzando a los agricultores a resembrar en dos oportunidades su arroz de inundación y casuarinas. Después de dos años, las especies locales (principalmente las casuarinas y las piña silvestre) se restablecieron. El pasto vetiver se desvaneció bajo la sombra de los árboles, habiendo cumplido su misión . El proyecto probó de nuevo que, con los cuidados adecuados, el vetiver pudo sobrevivir las hostiles condiciones climáticas y de suelo (Foto 2).

Foto 2: Flujo de arena en Le Thuy (Quang Binh) en 1999. Izquierda: las bases de una estación de bombeo; derecha: las fundaciones de una vivienda de tres habitaciones de una mujer socavadas por la arena en movimiento.

De acuerdo con Henk Jan Verhagen de la Universidad de Tecnología de Delft (com. pers.), el vetiver puede ser igualmente efectivo en reducir el movimiento de la arena por el viento. Para este propósito, el pasto debe sembrarse en sentido perpendicular a la dirección del viento, especialmente en las zonas bajas entre las dunas, dónde la velocidad del viento normalmente se incrementa. En la isla Pintang en China, costa adentro de la provincia de Fujian, las barreras de vetiver reducen eficientemente la velocidad del viento y la arena arrastrada por este.

A partir del éxito de este proyecto, se realizó un taller a principios del 2003. Más de 40 representantes de departamentos de gobiernos locales, diversas ONG, la Universidad de Vietnam Central, y de las provincias costeras participaron. El taller ayudó a los autores de este libro y a otros participantes a compilar y sintetizar las prácticas locales, particularmente aquellas que tienen que ver con la época de siembra, riego y fertilización. Luego del evento, la organización World Vision Vietnam decidió en el 2003 patrocinar otro proyecto en los distritos de Vinh Linh y Trieu Phong en la provincia Quang Tri y emplear vetiver para la estabilización de dunas (Fotos 3-7).

Foto 3: Izquierda: panorámica del sitio; derecha: comienzos de Abril 2002, un mes de realizada la siembra.

Foto 4: Izquierda: principio de Julio 2002, cuatro meses después de la siembra; derecha: Noviembre 2002, se han establecido hileras densas de pasto.

Foto 5: Izquierda: Vivero de vetiver; derecha: Noviembre 2002, siembra generalizada.

Foto 6: Izquierda: el vetiver protege las bases de un Puente en la Autopista Nacional Número 1; derecha: Diciembre 2004, las especies locales han remplazado el vetiver.

Foto 7: Izquierda: mediados de Febrero 2003, Gira de campo post-taller; nota: el vetiver sobrevive al invierno más frío de los últimos diez años; derecha: Junio 2003, los agricultores de la provincia Quang Tri visitan un vivero local durante una gira de campo patrocinada por World Vision Vietnam.

Foto 8: Izquierda: Marzo 2002: Ensayo con el SV en el borde de una laguna de camarones, donde un canal de drenaje descarga aguas al Río Vinh Dien; derecha: Noviembre 2002: plantaciones generalizadas combinadas con recubrimientos de roca para proteger el banco a lo largo del río Vinh Dien.

5.2 Aplicación del SV para controlar la erosión de bancos de río
5.2.1 Aplicación del SV para controlar la erosión de un banco de río en Vietnam Central
Dentro del marco del mismo proyecto de la Embajada Holandesa mencionado anteriormente, se sembró vetiver para detener la erosión en un banco de río, en el banco de una laguna de camarones, y en un terraplén de carretera en la ciudad de Da Nang. En Octubre del 2002, el departamento local de diques también realizó una siembra masiva del pasto en secciones de bancos de varios ríos. A partir de entonces, la autoridad de la ciudad decidió subvencionar un proyecto de estabilización de taludes de corte , y se estableció instalando vetiver a lo largo de la carretera de montaña que conduce a un proyecto bananero en Da Nang, lo que ilustra el ritmo de adopción - fotos 8-10.

5.2.2 Ensayo del SV para la protección de banco de río en Quang Ngai
Como otro resultado de este proyecto piloto, se recomendó usar vetiver en otro proyecto de reducción de desastres naturales en la provincia de Quang Ngai, auspiciado por AusAid (Agencia para el Desarrollo Asutraliana). Con el apoyo técnico de Tran Tan Van en Julio de 2003, Vo Thanh Thuy y sus colaboradores del Centro de Extensión Agrícola provincial sembraron el pasto en cuatro localidades, en canales de riego de diversos distritos y en unos diques de protección del agua del mar. El vetiver se adaptó en las cuatro localidades y, a pesar de su corta edad, sobrevivió una inundación el mismo año - fotos 11-14
.

En respuesta a estos exitosos ensayos, el proyecto decidió plantar de manera generalizada vetiver en otras secciones del dique en otros tres distritos, en combinación con recubrimientos con roca. Se introdujeron algunas modificaciones en el diseño para que el vetiver se adapte mejor, sembrando helecho mangle y otros pastos tolerantes a la salinidad en la hilera inferior para resistir mejor la salinidad y proteger eficientemente la parte inferior del terraplén. De manera alentadora, las comunidades locales están más ganadas a proteger sus propios terrenos con vetiver.

Foto 9: Izquierda: Diciembre 2004: El vetiver, combinado con recubrimiento de roca, floreó después de dos temporadas de inundación (Da Nang); derecha: sembrado por los agricultores locales, el vetiver protege las lagunas de Camarones.

5.2.3 Aplicación del SV para controlar la erosión de banco de río en el Delta del Mekong
Con el apoyo financiero de Donner Foundation y la ayuda técnica de Paul Truong, Le Viet Dung y sus colegas en la Universidad de Can Tho iniciaron proyectos para controlar la erosión de banco de río en el Delta del Mekong. El área experimenta largos períodos de inundación (hasta cinco meses) durante la temporada de inundaciones, con diferencias significativas en el nivel del agua, de hasta 5m (15 pies), entre la época seca y la de inundaciones, con poderosos flujos de agua durante estas. Además, los bancos de río están com puestos de material aluvial limoso a franco, que son muy erosionables al humedecerse.

Foto 10: Izquierda: Vetiver y recubrimiento de roca (arriba) y placa de concreto (abajo) protegiendo un banco; derecha: una curva del banco del río en Hue.

Foto 11: Izquierda: Vetiver sembrado en el dique del río Tra Bong; derecha: cubriendo los lados del dique de un estuario anti salinidad a lo largo del mismo río.

Foto 12: Sección del dique anti salinidad aguas arriba con recubrimiento de concreto tradicional en la cara que limita con el río (Izquierda) y a lo largo de una sección de un canal de irrigación, donde la erosión superficial afecta un lado del banco que ha quedado expuesto (derecha).

Foto 13: Izquierda: banco severamente erosionado del río Tra Khuc, en la comuna Binh Thoi; derecha: protección primitiva con sacos de arena.

Foto 14: Izquierda: miembros de la comunidad siembran vetiver; derecha: Noviembre 2005: el banco permanece intacto después de la temporada de inundación.

Debido a las mejoras en la economía en los años recientes, los botes que navegan en los ríos y canales son a motor, algunos con máquinas muy potentes, que agravan los problemas de erosión de banco de río al generar un fuerte oleaje. No obstante, el vetiver sostiene el terreno, protegiendo de la erosión grandes superficies de tierras agrícolas de gran valor - fotos 15 y 16.

Foto 15: En An Giang el vetiver estabiliza un dique de río (Izquierda), y un banco de río natural (derecha).

Un programa integral de vetiver se ha establecido en la provincia de An Giang, dónde las inundaciones anuales alcanzan profundidades de 6 m (18'). El sistema de canales más largo de la provincia, 4932 km (3065 millas),

 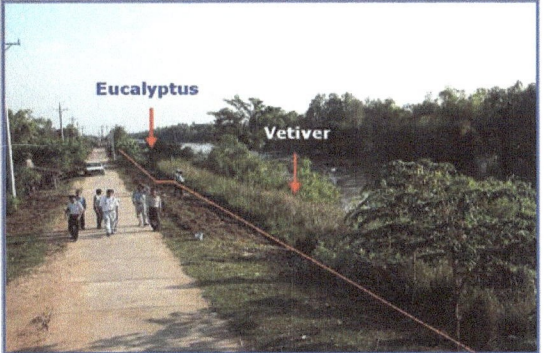

Foto 16: Izquierda: Vetiver bordeando el límite de centros de reasentamiento por inundaciones; derecha: las marcas rojas delinean cerca de 5 m (15') de la tierra seca protegida por el vetiver.

requiere de mantenimiento y reparaciones cada año. Una red de diques, 4600 km de largo, protegen 209,957 ha (525,000 acres) de tierra agrícola, de primera de las inundaciones. La erosión en estos diques es de alrededor de 3,75 Mm3/año y requieren 1,3 M US $ para su reparación.

El área también incluye 181 grupos de reasentamientos de comunidades construidas sobre materiales de dragado que también requieren control de erosión y protección de las inundaciones. Dependiendo de las localidades y la profundidad del agua, el vetiver se ha usado con éxito solo, o conjuntamente con otra vegetación para estabilizar estas áreas. Como resultado, el vetiver se alinea en un riguroso sistema de diques de mar y de ríos, así como en bancos de río y de canales en el delta del Mekong. Casi dos millones de plantas de vetiver en bolsas de polietileno, un total de 61km (38 millas), fueron instaladas para proteger los diques entre 2002 y 2005 - Fotos 15-16.

Se prevé, que entre 2006 y 2010, los 11 distritos de la provincial de An Giang siembren 2025 km (1258 millas) de barreras de vetiver en 3100 ha (7660 acres) de superficie en los diques. Se dejan desprotegidos, 3750 Mm3 de suelo que probablemente se erosionará y 5 Mm3 tendrán que ser dragados de los canales. Basándose en los costos del 2006, el mantenimiento total sobre este período podría exceder los 15,5 M US $ solo en esta provincia. Aplicando el Sistema Vetiver en esta zona rural se obtendrá un ingreso extra para la gente: los hombres sembrando, y las mujeres y niños preparando las bolsas de polietileno.

5.3 Aplicación del SV para el control de erosión costera

Bajo los auspicios de la Donner Foundation y con el apoyo técnico de Paul Truong, Le Van Du de la Universidad de Agroforestería de la ciudad de Ho Chi Minh, se iniciaron en el 2001 trabajos en suelos sulfato ácidos para estabilizar canales, canales de riego y el sistema de diques marinos en la provincia de Go Cong. El vetiver creció vigorosamente en los terraplenes en unos pocos meses, a pesar del suelo pobre. Ahora está protegiendo el dique marino, previniendo la erosión superficial, y facilitando el establecimiento de especies endémicas - fotos 17 y 18.

En base a las recomendaciones de Tran Tan Van, la Cruz Roja Danesa en el 2004 subvencionó un proyecto piloto usando vetiver para proteger diques marinos en el distrito Hai Haut, provincia Nam Dinh. Los planificadores se sorprendieron gratamente y se complacieron al descubrir que el vetiver ya se había instalado; sembrado unos dos años antes, el vetiver estaba protegiendo varios kilómetros del lado interno del dique marino. Aunque el diseño no era convencional, la plantación estaba trabajando, y, más importante, había convencido a la comunidad local de que el vetiver era efectivo. Después de que el tifón No. 7 en Septiembre del 2005 destrozó la sección protegida previamente con recubrimiento de roca, la efectividad del vetiver no se cuestionó. Los agricul tores locales solicitaron la siembra masiva de vetiver.

Foto 17: Sembrado detrás de mangle natural en un suelo sulfato ácido de un dique en la provincia de Go Cong, el vetiver reduce la erosión superficial y promueve el restablecimiento de pastos locales.

Foto 18: En Vietnam del Norte; Izquierda: el vetiver sembrado en el lado externo de un dique marino recién construido en la provincia Nam Dinh; derecha: en el lado interno del dique, sembrado por el Departamento de Diques local.

5.4 Aplicación del SV para estabilizar taludes de carretera

En respuesta al éxito de los ensayos de Pham Hong Duc Phuoc (Universidad de Agroforestería de la ciudad de Ho Chi Minh) y de Thien Sinh Co. al usar vetiver para estabilizar taludes de corte en Vietnam Central, en el 2003 el Ministerio de Transporte autorizó el uso generalizado del vetiver para estabilizar los taludes a lo largo de los cientos de kilómetros de la nueva autopista de Ho Chi Minh y otras carreteras nacionales y provinciales en las provincias de Quang Ninh, Da Nang, y Khanh Hoa - Foto 19.

Este proyecto es ciertamente una de las aplicaciones más grandes del SV en el mundo. Toda la autopista de Ho Chi Minh tiene más de 3000 km (1864 miles) de largo. Esta siendo y será protegida por siembras de vetiver en una variedad de suelos y climas: desde suelos esqueléticos de montaña e inviernos fríos en el Norte, a suelos extremadamente sulfato ácidos y clima caliente y húmedo en el Sur. El uso generalizado del vetiver para estabilizar cortes de carretera funciona, por ejemplo:

Foto 19: Izquierda: el vetiver estabiliza taludes de corte a lo largo de la autopista Ho Chi Minh; derecha: ambos, solo o en combinación con medidas tradicionales.

Foto 20: Izquierda; si no se protege correctamente este relleno de escombros de suelo/roca se lavará lejos aguas abajo; derecha: impactando una villa aguas abajo en el distrito A Luoi provincia, Thua Tien.

Foto 21: Da Deo Pass, Quang Binh; izquierda: la cobertura de la vegetation ha sido destruída, revelando terribles y continuas fallas de taludes de corte cover; derecha: hileras de vetiver sobre la parte superior de un talud que se mueve lentamente, reduciendo considerablemente la masa fallada.

- Aplicado principalmente como una medida de protección contra la erosión superficial, se reduce la escorrentía que genera erosión, y que de otra manera produciría estragos aguas abajo;
- Previniendo fallas superficiales, se estabilizan aún más los taludes de corte, lo que reduce muchísimo el número de fallas profundas;
- En algunos casos en que ocurren fallas profundas, el vetiver todavía realiza un buen trabajo al frenar las fallas y reducir la masa fallada, y;
- Se mantiene el aspecto rural y eco amigable de la carretera.

En una carretera hacia la autopista de Ho Chi Minh el investigador Pham Hong Duc Phuoc demostró claramente como debe ser aplicado el SV, así como su efectividad y sustentabilidad (Foto 22)

Foto 22: Pham Hong Duc Phuoc, un proyecto de protección de carretera en la provincia de Khanh Hoa, vía a Hon Ba; las dos fotos de la izquierda: erosión severa en un talud recién construido que se presenta después de unas pocas lluvias; las dos fotos de la derecha: ocho meses después de sembrado el vetiver: el vetiver estabilizó este talud, previniendo y deteniendo completamente la erosión futura en la próxima estación lluviosa.

Él monitoreó cuidadosamente el desarrollo del vetiver en el momento de su: establecimiento (65-100%), crecimiento a los seis meses (68-85 cm (27-34 pulgadas)), crecimiento después de los seis meses (70-180cm (28-71 pulgadas)), la tasa de producción de hijos (18-30 hijos por planta), y profundidad de las raíces en el talud (Cuadro 6).

Cuadro 6: Profundidad de las raíces de vetiver en taludes de la carretera de Hon Ba.

	Posición en el talud	Profundidad de la raíz (cm/pulgadas)			
		6 meses	12 meses	1.5 años	2 años
	Talud de corte				
1	Base	70/28	120/47	120/47	120/47
2	Parte media	72/28	110/43	100/39	145/57
3	Parte superior	72/28	105/41	105/41	187/74
	Talud de relleno				
4	Base	82/32	95/37	95/37	180/71
5	Parte media	85/33	115/45	115/45	180/71
6	Parte superior	68/27	70/28	75/30	130/51

Los éxitos y fracasos usando el vetiver para proteger los taludes de corte a lo largo de la autopista Ho Chi Minh son didácticos:

- La pendiente debe ser internamente estable. Debido a que el vetiver es de mayor ayuda cuando es adulto, las pendientes pueden fallar en el ínterin. El vetiver comienza a estabilizar una pendiente a los tres o cuatro meses, como mínimo. Por lo tanto, el momento de sembrar es también muy importante si se quiere evitar la falla de la pendiente durante el período de lluvias;
- Un ángulo de pendiente apropiado no debe exceder 45-50°, y;
- La poda regular asegura un crecimiento continuo y la producción de hijos del pasto, y así asegura una barrera densa y efectiva.

6. CONCLUSIONES

Luego de una investigación considerable y el éxito de las muchas aplicaciones presentadas en esta Parte, nosotros ahora poseemos suficientes evidencias de que el vetiver, con sus muchas ventajas y muy pocas desventajas, es una herramienta para la bioingeniería muy efectiva, económica, basada en la comunidad y ambientalmente amigable y sustentable que protege la infraestructura y mitiga los desastres naturales, y, una vez establecido, las plantas de vetiver duran por décadas con muy poco o ningún mantenimiento. El SV ha sido usado exitosamente en muchos países en el mundo, incluyendo Australia, Brasil, América Central, China, Etiopía, India, Italia, Malasia, Nepal, Filipinas, Sur África, Sri Lanka, Tailandia, Venezuela, y Vietnam. Sin embargo, se debe enfatizar, que las claves del éxito más importante son un material de siembra de buena calidad, un correcto diseño y técnicas de siembra apropiadas.

7. REFERENCIAS

Bracken, N. y Truong, P.N. (2 000). Application of Vetiver Grass Technology in the stabilization of road infrastructure in the wet tropical region of Australia. Proc. Second International Vetiver Conf. Tailandia, Enero 2000.

Cheng Hong, Xiaojie Yang, Aiping Liu, Hengsheng Fu, Ming Wan (2003). A Study on the Performance and Mechanism of Soil-reinforcement by Herb Root System. Proc. Third International Vetiver Conf. China, Octubre 2003.

Dalton, P. A., Smith, R. J. y Truong, P. N. V. (1996). Vetiver grass hedges for erosion control on a cropped floodplain, hedge hydraulics. Agric. Water Management: 31(1, 2) pp 91-104.

Hengchaovanich, D. (1998). Vetiver grass for slope stabilization and erosion control, with particular reference to engineering applications. Boletín Técnico No. 1998/2. Pacific Rim Vetiver Network. Office of the Royal Development Project Board, Bangkok, Tailandia.

Hengchaovanich, D. y Nilaweera, N. S. (1996). An assessment of strength properties of vetiver grass roots in relation to slope stabilisation. Proc. First International Vetiver Conf. Tailandia pp. 153-8.

Jaspers-Focks, D.J y A. Algera (2006). Vetiver Grass for River Bank Protection. Proc. Fourth Vetiver International Conf. Venezuela, Octubre 2006.

Le Van Du, y Truong, P. (2003). Vetiver System for Erosion Control on Drainage and Irrigation Channels on Severe Acid Sulfate Soil in Southern Vietnam. Proc. Third International Vetiver Conf. China, Octubre 2003.

Prati Amati, Srl (2006). Shear strength model. "PRATI ARMATI Srl" info@pratiarmati.it .

Truong, P. N. (1998). Vetiver Grass Technology as a bio-engineering tool for infrastructure protection. Proceedings North Region Symposium. Queensland Department of Main Roads, Cairns Agosto, 1998.

Truong, P., Gordon, I. y Baker, D. (1996). Tolerance of vetiver grass to some adverse soil conditions. Proc. First International Vetiver Conf. Tailandia, Octubre 2003.

Truong, P. N. (1998). Vetiver Grass Technology as a bio-engineering tool for infrastructure protection. Proceedings North Region Symposium. Queensland Department of Main Roads, Cairns Agosto, 1998.

Xia, H. P. Ao, H. X. Liu, S. Z. y He, D. Q. (1999). Application of the vetiver grass bio-engineering technology for the prevention of highway slippage in southern China. International Vetiver Workshop, Fuzhou, China, Octubre 1997.

Xie, F.X. (1997). Vetiver for highway stabilization in Jian Yang County: Demonstration and Extension. Proceedings abstracts. International Vetiver Workshop, Fuzhou, China, Octubre 1997.

PARTE 4 - SISTEMA VETIVER PARA LA PREVENCIÓN Y TRATAMIENTO DE TIERRAS Y AGUAS CONTAMINADAS

1. INTRODUCCIÓN

Durante la investigación de las aplicaciones de los extraordinarios atributos del vetiver en la conservación de suelos y agua, se encontró que éste también posee características fisiológicas y morfológicas únicas específicamente apropiadas para la protección ambiental, particularmente en la prevención y tratamiento de la contaminación de tierras y del agua. Las características sobresalientes incluyen una alta tolerancia a niveles elevados e incluso tóxicos de salinidad, acidez, sodicidad, y toda una gama de metales pesados y agroquímicos, así como una habilidad excepcional para absorber y tolerar durante el proceso de producir un crecimiento masivo en condiciones de alta humedad, elevados niveles de nutrientes y de consumir grandes cantidades de agua.

La aplicación del Sistema Vetiver (SV) al tratamiento de aguas contaminadas es una tecnología innovadora de fitorremediación que tiene un gran potencial. El SV ofrece una solución natural, amigable al ambiente, práctica, simple y eficiente en costos. Más aún, las hojas de vetiver como un producto agregado, son utilizables en un amplio rango de productos como alimentación animal, artesanías, techos, coberturas y combustible, para nombrar algunos.

Su efectividad, simplicidad y bajo costo hacen al Sistema Vetiver un socio bienvenido en muchos países tropicales y subtropicales que necesitan tratar las aguas servidas domésticas, municipales e industriales y requieren la rehabilitación de minas con fitorremediación.

2. COMO TRABAJA EL SITEMA VETIVER

El SV previene y trata el agua y los suelos contaminados de las siguientes maneras:
Prevención y tratamiento de agua contaminada:
- Eliminación o reducción del volumen de las aguas residuales.
- Mejoramiento de la calidad de las aguas servidas y contaminadas..

Prevención y tratamiento de tierras contaminadas:
- Control de la contaminación fuera del sitio.
- Fitorremediación de tierras contaminadas.

- Contención de material erosionado y de basura en el agua de escorrentía.
- Absorción de metales pesados y otros contaminantes.
- Tratamiento de nutrientes y otros contaminantes en las aguas servidas y lixiviados.

3. CARACTERÍSTICAS ESPECIALES PARA PROPOSITOS DE PROTECCIÓN AMBIENTAL

Como se discutió en la Parte 1 muchas de las características especiales del vetiver son aplicables directamente al tratamiento de aguas servidas, entre estas las siguientes características morfológicas y fisiológicas:

3.1 Atributos morfológicos
- El pasto vetiver tiene un sistema de raíces masivo, profundo, de rápido crecimiento capaz de alcanzar 3.6m en profundidad en 12 meses en suelos de buena calidad.
- Sus profundas raíces aseguran su tolerancia a sequías, permiten una excelente infiltración del agua en el suelo, y la penetración de capas compactas (hard pans) lo que favorece un drenaje profundo.
- La mayoría de las raíces en el sistema de raíces masivo son muy finas, con un diámetro promedio de 0,5-1,0mm (Cheng et al, 2003). Esto hace disponible un enorme volumen de rizósfera para el crecimiento y multiplicación de bacterias y hongos, favoreciendo la absorción de contaminantes y procesos de descomposición como la nitrificación.
- Los tallos firmes y erguidos del vetiver pueden crecer hasta tres metros. Cuando se plantan muy juntos forman una barrera viva permeable que retarda el flujo del agua y actúa como un biofiltro muy efectivo, atrapando sedimentos gruesos y finos e incluso rocas en el agua de escorrentía (Foto 1).

Foto 1: Características morfológicas del vetiver.

3.2 Atributos fisiológicos
- Muy tolerante a suelos con altos niveles de acidez, salinidad, alcalinidad, sodicidad y magnesio.
- Muy tolerante a Al, Mn, y metales pesados tales como As, Cd, Cr, Ni, Pb, Hg, Se y Zn en el suelo y en el agua (Truong and Baker, 1998).
- Muy eficiente en absorber N y P disuelto en aguas contaminadas (Figura 1).

- Muy tolerante a altos niveles de los nutrientes N y P en el suelo (Figura 2).
- Muy tolerante a herbicidas y plaguicidas.
- Descompone compuestos orgánicos asociados con herbicidas y otros biocidas.
- Regenera rápidamente después de una sequía, helada, fuego, sales y otras condiciones adversas, una vez que estas han sido mitigadas.

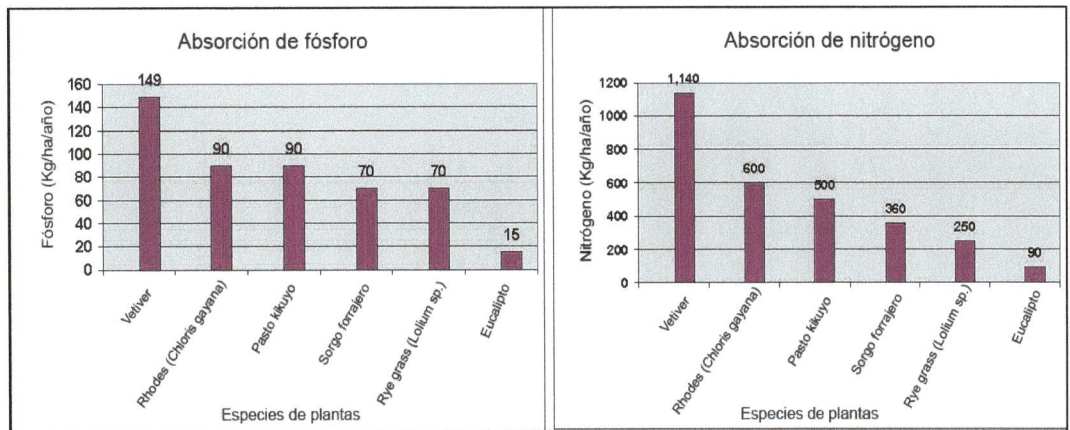

Figura 1: Mayor capacidad para la absorción de N y P que otras plantas.

Figura 2: Alto nivel de tolerancia al N y P y alta capacidad de absorción.

4. PREVENCION Y TRATAMIENTO DE AGUAS CONTAMINADAS

Una extensa investigación y desarrollo(I&D) y su aplicación en Australia, China, Tailandia y otros países ha determinado que el vetiver es muy efectivo en el tratamiento de aguas servidas domésticas e industriales.

4.1 Reducción o eliminación del volumen de agua contaminada
El uso de plantas es actualmente el único método viable y práctico para eliminar totalmente o reducir a gran escala las aguas servidas. En Australia, el vetiver ha desplazado a los árboles y otras especies de pasto como la manera más efectiva de tratar y disponer de los lixiviados en los rellenos sanitarios y efluentes domésticos e industriales

Para cuantificar la tasa de uso de agua, se estima que por 1kg de biomasa en condiciones ideales en invernadero, el vetiver consume 6,86L/día. Ya que la biomasa del vetiver de 12 semanas de edad, al momento del máximo de su ciclo de crecimiento, es alrededor de 30,7 t/ha; una hectárea de vetiver utilizaría potencialmente 279KL/ha/día (Truong y Smeal, 2003).

4.1.1 Eliminación del efluente de sépticos

En 1966, el SV se aplicó por primera vez en Australia para el tratamiento de efluentes de aguas residuales. Pruebas posteriores demostraron que al plantar cerca de 100 plantas en un área de menos de 50m² en un parque secaron totalmente los efluentes de un servicio sanitario. Otras plantas fallaron incluyendo árboles y pastos tropicales de rápido crecimiento, y cultivos como la caña de azúcar y las bananas (Truong and Hart, 2001).

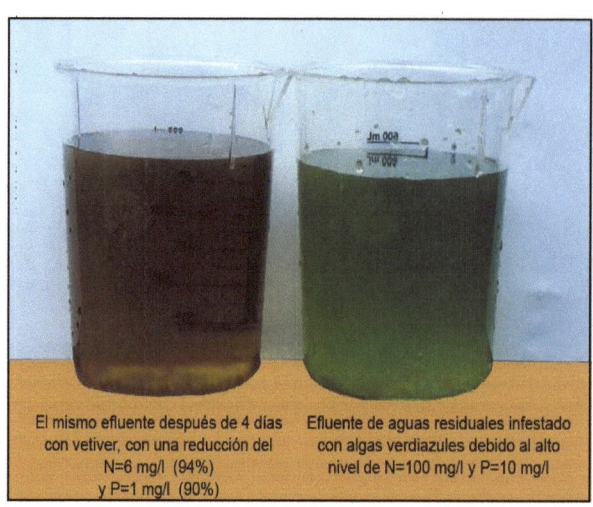

El mismo efluente después de 4 días con vetiver, con una reducción del N=6 mg/l (94%) y P=1 mg/l (90%)

Efluente de aguas residuales infestado con algas verdiazules debido al alto nivel de N=100 mg/l y P=10 mg/l

Foto 2: El Vetiver limpió las algas verdiazules en cuatro días. Efluentes de aguas residuales con altas cargas de Nitratos (100 mg/L) y Fosfatos (10 mg/L)(izquierda). Efluente cuatro días después: el SV redujo niveles de N a 6 mg/L (94%) y P a 1 mg/L (90%)(derecha).

4.1.2 Eliminación de lixiviados en rellenos sanitarios

La disposición de lixiviados en rellenos sanitarios es un gran problema en las ciudades, ya que este frecuentemente está contaminado con metales pesados, así como con contaminantes orgánicos e inorgánicos. Australia y China han resuelto este problema utilizando los lixiviados colectados en la base de los vertederos para irrigar plantas de vetiver sembradas en la parte superior del montículo del relleno y en las paredes de retención del terraplén. Los resultados hasta el presente han sido excelentes. De hecho, el crecimiento del vetiver es tan vigoroso que, durante el período de sequía, los rellenos sanitarios no generan suficientes lixiviados para regar las plantas. Una plantación de 3,5ha de vetiver elimina de manera efectiva 4 ML (4000 m³) de lixiviado por mes en verano y 2 ML (2000 m3) al mes en invierno (Percy y Truong, 2005).

4.1.3 Eliminación de aguas residuales industriales

En Queensland, Australia, un gran volumen de agua residual industrial generado por una fábrica procesadora de alimentos (1,4 millones de litros/día) y un matadero (1,4 millones de litros/día) fue dispersado exitosamente mediante irrigación de tierras sembradas con vetiver (Smeal et al, 2003).

4.2 Mejoramiento de la calidad del agua

La contaminación fuera del sitio es la mayor amenaza al ambiente en el mundo. Aunque muy generalizada en las naciones industrializadas, es particularmente seria en los países en desarrollo, que a menudo carecen de suficientes recursos para mitigar el problema. Generalmente, el uso de métodos vegetativos es la vía más eficiente y accesible para mejorar la calidad del agua.

4.2.1 *Captura de desechos, sedimentos y agroquímicos en tierras agrícolas*
Estudios de investigación en Australia realizados en fincas de caña de azúcar y algodón muestran que las barreras de vetiver atrapan de manera efectiva nutrientes asociados con las partículas como P y Ca; herbicidas como el diurón, trifluralin, prometrin, y fluometuron; y biocidas tales como endosulfan y cloropirifos, parathion, y profenofos. Si se establecen barreras de vetiver perpendiculares a los drenajes, los nutrientes y agroquímicos pueden ser retenidos en el sitio (Truong et al. 2000) (Figura 3).

Un experimento realizado en Tailandia en el Real Centro de Estudios de Desarrollo Huai Sai, Provincia Phetchaburi, muestra que las barreras de vetiver en contorno forman un dique vivo y al mismo tiempo, su sistema de raíces forma una barrera subterránea que previene que las cargas de biocidas en el agua y otras substancias tóxicas fluyan hasta el cuerpo de agua inferior. Las gruesas macollas sobre el terreno también retienen desechos y partículas de suelo a lo largo del curso de agua (Chomchalow, 2006).

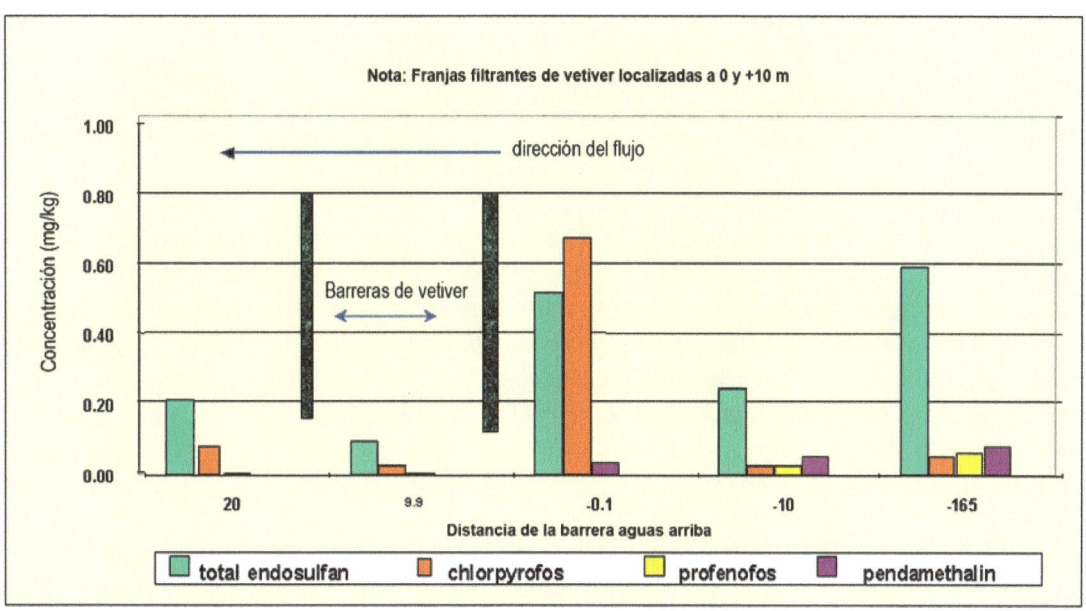

Figura 3: Concentración de herbicida en el suelo depositado aguas arriba y abajo de barreras de vetiver.

4.2.2 *Absorción y tolerancia a contaminantes y metales pesados*
La utilidad del Vetiver en el tratamiento de agua contaminada se basa en su capacidad de absorber nutrientes y metales pesados rápidamente, y su tolerancia a niveles elevados de estos elementos. Aunque las concentraciones de estos elementos en las plantas de vetiver no son a menudo tan altas como en las plantas hiperacumuladoras, su rápido crecimiento y altos rendimientos (producción de materia seca de hasta 100t/ha/año) permiten que la planta de vetiver remueva un volumen mucho mayor de nutrientes y metales pesados en tierras contaminadas que la mayoría de las hiperacumuladoras.

En el Sur de Vietnam, fue instalado un ensayo demostrativo en una fábrica procesadora de alimentos marinos para determinar la duración en el tiempo que debe permanecer el efluente en el campo de vetiver antes de que sus concentraciones de nitratos y fosfatos sean reducidas a niveles aceptables. Los resultados de las evaluaciones indicaron que las concentraciones totales de N en las aguas residuales se redujeron en un 88% y un 91% después de 48 y 72 horas de tratamiento, respectivamente, mientras el P total se redujo en un 80% y 82% después de 48 y 72 horas de tratamiento. La cantidad total de N y P removida en 48 y 72 horas de tratamiento no fueron diferentes significativamente (Luu et al, 2006). De a cuerdo a estas pruebas, muchas granjas de peces en el Delta del Mekong adoptaron el SV para estabilizar los diques de los estanques, para purificar el agua de los estanques, y para tratar otras aguas residuales en las granjas (Foto 3).

Foto 3: Control de erosión y tratamiento de aguas residuales en una granja de peces de agua dulce en el Delta del Mekong.

En el Norte de Vietnam, las aguas residuales que descargan una pequeña fábrica de papel en Bac Ninh y una pequeña fábrica de fertilizantes en Bac Giang están tan contaminadas como los lixiviados de un relleno sanitario. Estas fábricas descargan sus aguas residuales directamente a un pequeño río en el Delta del Río Rojo. Instalado en ambos lados, el vetiver se estableció totalmente después de dos meses. Al momento de escribir esto, el pasto en la fábrica de papel está en buenas condiciones a excepción de la sección más próxima a las aguas contaminadas, que muestra síntomas de toxicidad. Por otra parte, a pesar de la alta contaminación, el vetiver está creciendo bien en la fábrica de fertilizantes. Se ha registrado un excelente crecimiento en este sitio en condiciones semi inundadas, donde se espera que el vetiver reduzca los niveles de contaminación significativamente (Foto 4).

Foto 4: Vetiver en una fábrica de papel (izquierda). Vetiver en una fábrica de fertilizantes (derecha).

En Australia, se irrigaron subsuperficialmente cinco hileras de vetiver con efluentes provenientes de un tanque séptico. Después de cinco meses, los niveles de N total en el filtrado después de la segunda hilera se redujo en 83%, y después de la quinta en 99%. De igual forma, los niveles de P total se redujeron en 82% y 85%, respectivamente (Truong y Hart, 2001). (Figura 4).

Efectividad del vetiver en reducir el N en aguas residuales domésticas

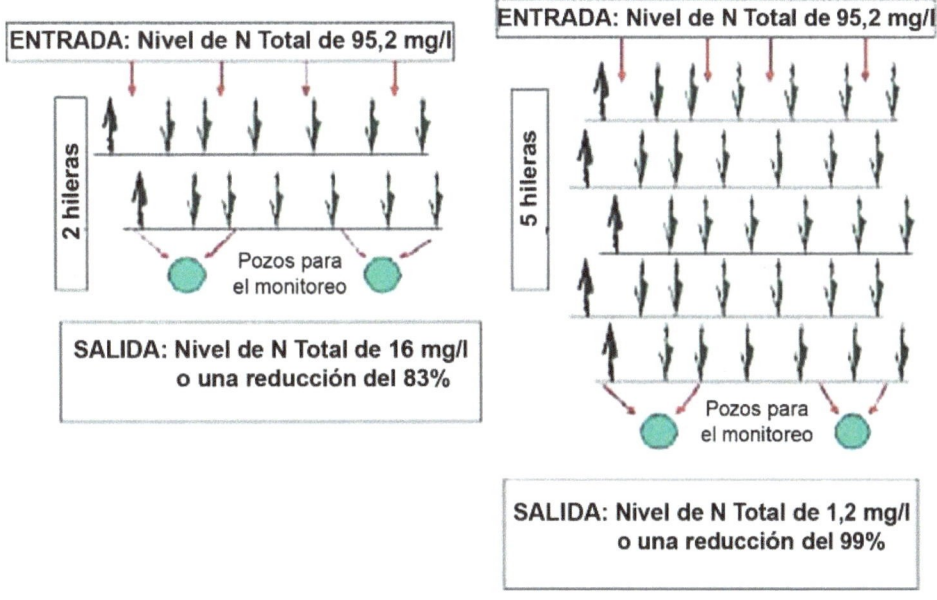

Figura 4: Efectividad en la reducción de N de aguas residuales domésticas.

En China, los nutrientes y los metales pesados de granjas porcinas son claves en la contaminación del agua. Las aguas residuales de granjas porcinas contienen niveles muy altos de N y P y también Cu y Zn, los cuales son añadidos al alimento como promotores del crecimiento. Los resultados indican que el vetiver tiene una acción de purificación muy fuerte. Su tasa de absorción y purificación del Cu y el Zn es >90%; As y N>75%; Pb entre 30% -71% y P entre 15-58%. La capacidad del vetiver de purificar metales pesados, N y P de las granjas porcinas sigue el orden siguiente: Zn>Cu>As>N>Pb>Hg>P (Liao et al, 2003).

4.2.3 Humedales

Los humedales naturales o construidos reducen de manera efectiva las cargas contaminantes en la escorrentía tanto de tierras agrícolas como industriales. El uso de humedales para remover contaminantes requiere del uso de una compleja variedad de procesos biológicos, incluyendo transformaciones microbiológicas y procesos físico-químicos como adsorción, precipitación o sedimentación, plantas como el *Iris pseudacorus*, *Typha spp*. *Schoenoplectus validus*, y *Phragmites australis*. Con un promedio de tasa de consumo de 600 ml/día/pote durante 60 días, el vetiver usó 7,5 veces más agua que *Typha* (Cull et al. 2000). Un humedal fue construido para tratar efluentes de aguas residuales de un pequeño pueblo. El objetivo del proyecto fue el de eliminar o reducir 500ML/día (500.000 m3/día) de efluente producido por el pueblo antes de descargarlo en los cauces de agua. Sorprendentemente, el humedal de vetiver absorbió todo el efluente producido por este pequeño pueblo (Ash y Truong, 2003). Cuadro 1. Bajo condiciones de humedales en Australia, el vetiver tiene la tasa de consumo de agua más alta cuando se le compara con humedales naturales.

China es el principal criador de cerdos en el mundo. En 1998, solo la provincia de Guangdong poseía más de 1600 granjas de cerdos; más de 130 de esas granjas produce más de 10.000 cerdos para la venta al año. Las granjas grandes producen 100-150 t de aguas residuales por día, incluyendo estiércol de cerdo colectado de pisos con ranuras, que contienen altas cargas de nutrimentos. En consecuencia, la eliminación de las aguas residuales de las granjas de cerdos es un gran problema. Los humedales se consideran la forma más eficiente para reducir tanto el volumen como las altas cargas de nutrimentos del efluente de cerdos. Para determinar las-

Cuadro 1: Calidad de los niveles del efluente antes y después del tratamiento con vetiver.

Mediciones	Afluente fresco (mg/l)	Resultados 03/2002 (mg/l)	Resultados 2004 (mg/l)
PH (6.5 a 8.5)*	pH 7,3-8,0	pH 9,0-10,0	pH 7,6-9,2
Oxígeno disuelto (2.0 mg/l min.)*	0-2	12,5-20	8,1-9,2
5 Días DBO (20-40 mg/l max)*	130-300	29 a 70	1-7
Sólidos en suspensión (30-60 mg/l max)*	200-500	45 a 140	11-16
NitrógenoTotal (6.0 mg/l max) *	30-80	13 a 20	4,1-5,7
Fósforo Total (3.0 mg/l max) *	10-20	4,6 a 8,8	1,4-3,3

*Niveles requeridos

plantas más apropiadas para el sistema de humedal, el vetiver fue incluido en pruebas de las doce especies más promisoras, en las cuales se calificaron entre las tres primeras al vetiver, a *Cyperus alternifolius*, y a *Cyperus exaltatus*. Sin embargo, evaluaciones posteriores revelaron que *Cyperus exaltatus* se marchitó y entro en latencia durante en el otoño, reactivándose en la primavera posterior. Debido a que el tratamiento del agua se requiere a lo largo de todo el año, solo el vetiver y *Cyperus alternifolius* se consideraron apropiadas para tratamientos en humedales de efluentes de crías de cerdos (Liao, 2000) (Foto 6).

Foto 5: Izquierda: humedal de Vetiver; derecha: eliminación de lixiviados con riego por inundación en Australia.

Foto 6: Izquierda: balsas con Vetiver en lagunas de granjas de cerdos en Bien Hoa; derecha: en Guangzhou, China.

En Tailandia se han realizado en los últimos años investigaciones muy sólidas sobre la aplicación del SV para el tratamiento de agua en humedales construídos. Un estudio utilizó tres ecotipos de vetiver (Monto, Surat Thani, y Songkhla 3) para el tratamiento de un molino de harina de tapioca, empleando dos sistemas de tratamiento: (a) manteniendo el agua residual en un humedal de vetiver por dos semanas y luego drenándolo, y (b) mante niendo el agua en un humedal de vetiver por una semana y luego drenándolo continuamente por un total de tres semanas. En ambos sistemas, Monto presentó el crecimiento más rápido de los brotes, raíces y biomasa total, y absorbió los niveles más altos de P, K, Mn y Cu en los brotes y en las raíces (Mg, Ca y Fe en la raíz, y Zn y N en los brotes). Surat Thani absorbió los mayores niveles de Mg en los brotes y Zn en la raíz, y Songkhla 3 absorbió las mayores cantidades de Ca y Fe en los brotes, y la máxima cantidad de N en la raíz (Chomchalow, 2006, cit. Techapinyawat 2005).

4.2.4 Modelado en computadora para aguas residuales industriales

Los modelos de computadora se han convertido en herramientas indispensables para el manejo de sistemas ambientales, incluyendo los complejos planes de manejo de aguas residuales tales como la disposición de aguas residuales industriales. En Queensland, Australia, la Autoridad de Protección Ambiental ha seleccionado a MEDLI (Model for Effluent Disposal using Land Irrigation)(Modelo para la disposición de efluentes usando tierras con riego) como un modelo básico para el manejo de aguas servidas industriales. El desarrollo reciente más significativo en el uso del SV para la disposición de aguas servidas es la calibración de MEDLI con vetiver para la absorción de nutrientes e irrigación con efluentes (Vieritz, et al., 2003), (Truong, et al., 2003a), (Wagner, et al., 2003), (Smeal, et al., 2003).

4.2.5 Modelado en computadoras para aguas residuales domésticas

Un modelo de computadora fue recientemente desarrollado en Australia subtropical para estimar el área de plantación de vetiver necesaria para tratar el total de aguas negras y grises producida por cada casa. Por ejemplo, se requiere ´para una vivienda con seis personas, una plantación de vetiver de 77m², con una densidad de 5 plantas/m², basado en una producción de 120L/persona/día.

4.2.6 Tendencias futuras

En la medida que la escasez de agua prolifere a nivel mundial, las aguas servidas deben considerarse como un recurso renovable más que como un problema que requiere ser resuelto. Las tendencias actuales son las de reciclar las aguas residuales para usos domésticos e industriales en vez de disponer de estas desechándolas. Por lo tanto, el SV como un sistema simple, higiénico y de bajo costo para tratar y reciclar las aguas servidas que resultan de las actividades humanas es tremendo (Figura 5).

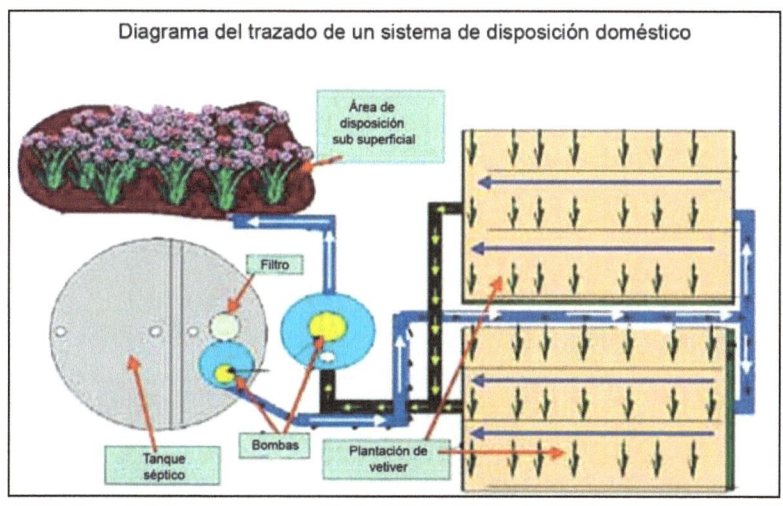

Figura 5: Trazado de un sistema de disposición de aguas residuales domés-tico.

Un desarrollo en el tratamiento de aguas servidas muy promisorio y llamativo es el uso de vetiver en camellones de suelo con plantas. En este nuevo tipo de aplicación, la cantidad y calidad del agua saliente puede ser ajustado para cumplir con un estándar determinado. La empresa GELITA APA, Australia está desarrollando y evaluando este sistema. Detalles completos se pueden encontrar en (Smeal et al. 2006) (Figura 6).

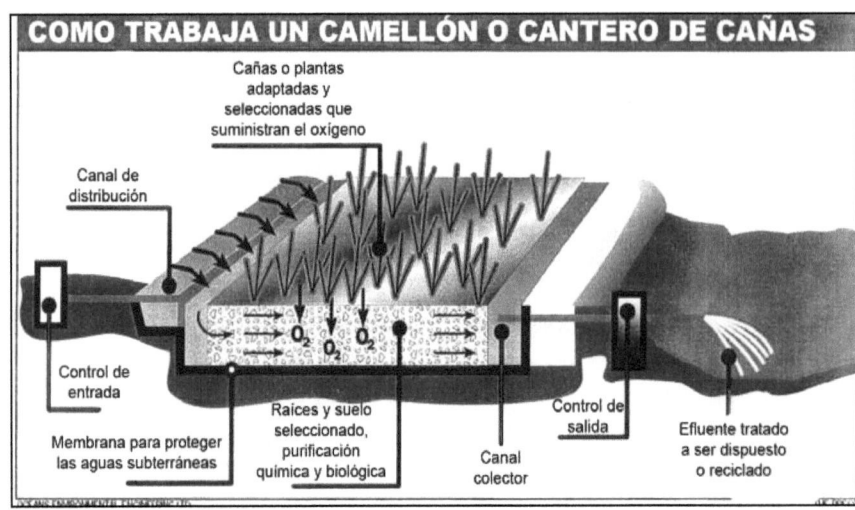

Figura 6: Funcionamiento de un camellón de suelo con plantas.

5. TRATAMIENTO DE TIERRAS CONTAMINADAS

Entre los más significativos desarrollos en protección ambiental en los últimos 15 años se encuentra la documentación sobre la tolerancia del vetiver a condiciones del suelo adversas y niveles tóxicos de toxicidad por metales pesados Estos umbrales han abierto un nuevo campo entre las aplicaciones del SV: La rehabilitación de tierras contaminadas y tóxicas.

5.1 Tolerancia a condiciones adversas

5.1.1 Tolerancia a niveles altos de acidez, aluminio y toxicidad por manganesio

Las investigaciones muestran que el crecimiento del vetiver no se ve afectado al suministrar fertilizantes con N y P, incluso en condiciones de acidez extremas (pH = 3,8) y con un alto nivel de porcentaje de saturación del suelo con Aluminio (68%). Mediciones en campo comprueban que el vetiver crece satisfactoriamente a pH=3,0 en el suelo y niveles de Aluminio entre 83-87%. Sin embargo, debido a que el vetiver no puede sobrevivir a niveles de saturación de Aluminio de 90% y pH = 2,0 en el suelo, su umbral de tolerancia está entre 68% y 90%. Esta tolerancia es excepcional, ya que la mayoría de las plantas se ven seriamente afectadas a niveles menores del 30%. Yendo más lejos, el crecimiento del vetiver permaneció inalterado cuando los niveles de manganeso extractable en el suelo alcanzaron 578 mg/Kg, el pH del suelo era tan bajo como 3,3 y el contenido de manganeso en la planta alcanzó 890 mg/Kg. Dada su alta tolerancia a la toxicidad por Al y Mn, el vetiver ha sido utilizado exitosamente para el control de la erosión en suelos sulfato ácidos con un pH alrededor de 3.5 y un pH oxidado tan bajo como 2,8 (Truong and Baker, 1998) (Fotos 7 y 8).

5.1.2 Tolerancia a suelos salinos y sódicos

Dado el nivel umbral de salinidad de CEse = 8 dS/m, el vetiver se compara favorablemente con algunos de los cultivos y pastos más tolerantes de Australia, incluyendo el pasto Bermuda (*Cynodon dactylon*) con un umbral de salinidad de 6.9 dS/m; Pasto Rhodes (*Chloris gayana*) (7,0 dS/m); Pasto de trigo (*Thynopyron elongatum*) (7,5 dS/m) y cebada (*Hordeum vulgare*) (7,7 dS/m). Con una adecuada suplencia de N y P, el vetiver creció satisfactoriamente en escombreras de bentonita de Na con porcentaje de sodio intercambiable de 48% y en es combros de una mina de carbón con niveles de sodio intercambiable de 33%. La sodicidad de estos escombros fue más allá, exacerbada por los altos niveles de magnesio (2400 mg/Kg) en comparación al calcio (1200 mg/Kg) (Truong, 2004).

pH	2.0	2.2	3.8	4.4	4.8	5.5	7.3	7.6
Al%	90	90	68	36	11	2	trazas	trazas

Foto 7: Bajo condiciones de campo , el vetiver prospera a pH=3,8 en el suelo y saturación con Al de 68% y 87%.

pH	5.8	3.3	3.6	4.2	6.2
Mn ppm	43	578	483	169	47

Foto 8: El crecimiento del vetiver no fue afectado a pH=3,3 y niveles extremadamente altos de Mn 578 mg/kg.

Foto 9: El Vetiver tolera alta salinidad del suelo. Nótese que el 3er pote desde la
izquierda representa la mitad de la salinidad del agua de mar.

5.1.3 Distribución de los metales pesados en la planta de vetiver

Cuadro 2: Niveles umbrales de metales pesados: Vetiver y otras plantas

Metales pesados	Niveles umbrales en el suelo (mg/Kg) (disponible)		Niveles umbrales en la planta (mg/Kg)	
	Vetiver	Otras plantas	Vetiver	Otras plantas
Arsénico	100-250	2	21-72	1--10
Cadmio	20-60	1,5	45-48	5-20
Cobre	50-100	No disponible	13-15	15
Cromo	200-600	No disponible	5-18	0,02-0,20
Plomo	>1 500	No disponible	>78	No disponible
Mercurio	>6	No disponible	>0,12	No disponible
Niquel	100	7-10	347	10-30
Selenio	>74	2-14	>11	No disponible
Zinc	>750	Not available	880	Not available

La distribución de los metales pesados en el vetiver puede dividirse en tres grupos:
- Zn se distribuye casi parejo entre el vástago y la raíz (40%).
- Pequeñas cantidades de As, Cd, Cr y Hg absorbidos se translocaron al vástago (1%-5%).
- Moderadas cantidades de Cu, Pb, Ni y Se se translocaron al vástago(16%-33%) (Truong, 2004).

5.1.4 Tolerancia a los metales pesados
El Vetiver es muy tolerante a As, Cd, Cr, Cu, Hg, Ni, Pb, Se and Zn (Cuadro 2 arriba).

5.2 Rehabilitación de Minas y Fitorremediación

Debido a sus extraordinarias características morfológicas y fisiológicas, el vetiver ha sido usado exitosamente para rehabilitar desechos rocosos de minas y fitorremediar escombreras de minas en: Australia: carbón, oro, bentonita y bauxita; Chile: cobre; China: plomo, zinc y bauxita (Wensheng Shu, 2003); Sur África: oro, diamantes y platino; Tailandia: plomo; Venezuela: bauxita (Lisena et al. 2006 and Luque et al.2006); Filipinas: níquel.

Foto 10: Izquierda, mina de bauxita en Los Pijiguaos, Venezuela protegida con vetiver (nótese la siembra de pendientes inclinadas mediante el uso de cuerdas).

Foto 11: Mina de Níquel en Filipinas protegida con vetiver y manto de fibra de coco (Biosolutions Inc).

6. REFERENCIAS

Ash R. y Truong, P. (2003). The use of vetiver grass wetland for sewerage treatment in Australia. Proc. Third International Vetiver Conf. China, Octubre 2003.

Chomchalow, N, (2006). Review and Update of the Vetiver System R&D in Thailand. Proc. Regional Vetiver Conference, Cantho, Vietnam.

Cull, R.H, Hunter, H, Hunter, M y Truong, P.N. (2000). Application of Vetiver Grass Technology in off-site pollution control. II. Tolerance of vetiver grass towards high levels of herbicides under wetland conditions. Proc. Second International Vetiver Conf. Tailandia, Enero 2000.

Hart, B, Cody, R y Truong, P. (2003). Efficacy of vetiver grass in the hydroponic treatment of post septic tank effluent. Proc. Third International Vetiver Conf. China, Octubre 2003.

Liao Xindi, Shiming Luo, Yinbao Wu y Zhisan Wang (2003). Studies on the Abilities of *Vetiveria zizanioides* and *Cyperus alternifolius* for Pig Farm Wastewater Treatment. Proc. Third International Vetiver Conf. China, Octubre 2003.

Lisena, M.,Tovar,C. y Ruiz, L.(2006) "Estudio Exploratorio de la Siembra del Vetiver en un Área Degradada por el Lodo Rojo". Proc. Cuarta Conf. Internacional sobre Vetiver. Venezuela, Octubre 2006.

Luque, R, Lisena ,M y Luque, O. (2006). Vetiver System for environmental protection of open cut bauxite mine at Los Pijiguaos-Venezuela. Proc. Cuarta Conf. Internacional Vetiver. Venezuela, Octubre 2006

Luu Thai Danh, Le Van Phong. Le Viet Dung y Truong, P. (2006). Wastewater treatment at a seafood processing factory in the Mekong delta, Vietnam. Proc. Cuarta Conf. Internacional sobre Vetiver. Venezuela, Octubre 2006..

Percy, I. y Truong, P. (2005). Landfill Leachate Disposal with Irrigated Vetiver Grass. Proc, Landfill 2005. National Conf on Landfill, Brisbane, Australia, Septiembre 2005.

Smeal, C., Hackett, M. y Truong, P. (2003). Vetiver System for Industrial Wastewater Treatment in Queensland, Australia; Proc. Third International Vetiver Conf. China, Octubre 2003.

Truong, P.N.V. (2004). Vetiver Grass Technology for mine tailings rehabilitation. Ground and Water Bioengineering for Erosion Control and Slope Stabilization. Editors: D. Barker, A. Watson, S. Sompatpanit, B. Northcut y A. Maglinao. Science Publishers Inc. NH, USA.

Truong, P.N. y Baker, D. (1998). Vetiver grass system for environmental protection. Technical Bulletin No. 1998/1. Pacific Rim Vetiver Network. Royal Development Projects Board, Bangkok, Tailandia.

Truong, P.N. y Hart, B. (2001). Vetiver System for wastewater treatment. Technical Bulletin No. 2001/2. Pacific Rim Vetiver Network. Royal Development Projects Board, Bangkok, Tailandia.

Truong, P.N., Mason, F., Waters, D. y Moody, P. (2000). Application of vetiver Grass Technology in off-site pollution control. I. Trapping agrochemicals and nutrients in agricultural lands. Proc. Second International Vetiver Conf. Tailandia, Enero 2000.

Truong, P. y Smeal (2003). Research, Development and Implementation of Vetiver System for Wastewater Treatment: GELITA Australia. Technical Bulletin No. 2003/3. Pacific Rim vetiver Network. Royal Development Projects Board, Bangkok, Tailandia.

Truong, P., Truong, S. y Smeal, C. (2003a). Application of the vetiver system in computer modelling for industrial wastewater disposal. Proc. Third International vetiver Conf. China, Octubre 2003.

Vieritz, A., Truong, P., Gardner, T. and Smeal, C. (2003). Modelling Monto vetiver growth and nutrient uptake for effluent irrigation schemes. Proc. Third International vetiver Conf. China, Octubre 2003.

Wagner, S., Truong, P, Vieritz, A. y Smeal, C. (2003). Response of vetiver grass to extreme nitrogen and phosphorus supply. Proc. Third International Vetiver Conf. China, Octubre 2003.

Wensheng Shu (2003) Exploring the Potential Utilization of Vetiver in Treating Acid Mine Drainage (AMD). Proc. Third International Vetiver Conf. China, Octubre 2003.

PARTE 5 - CONTROL DE EROSIÓN EN TIERRAS AGRÍCOLAS Y OTROS USOS DEL VETIVER

CONTENIDO

1. INTRODUCCIÓN

Años de experiencia en muchos países han confirmado que, incluso si los agricultores han adoptado el vetiver para la conservación de suelos y agua, esa aplicación no era necesariamente la principal por la que inicialmente lo adoptaron. En Venezuela, por ejemplo, se siembra primero para suplir material para hacer artesanía. Después de que los artesanos aceptaron las hojas secas porque eran hermosas y fáciles de tejer, se facilitó la introducción de la aplicación para la conservación de suelos. Las barreras de Vetiver fueron apreciadas al inicio en Camerún como una barrera para mantener las culebras fuera de los patios, y en otros lugares, el vetiver fue empleado para delinear límites o linderos (linderos marcados con árboles están sujetos a cambios). Y en otros lugares, la primera razón por la cual fue aceptado el vetiver se debió a que este controla plagas en granos almacenados, y perforadores del tallo (Sur África). Esta parte atiende las diversas aplicaciones del vetiver qué son más usuales entre los agricultores.

2. CONSERVACIÓN DE SUELOS Y AGUA PARA LA PRODUCCIÓN SOSTENIBLE DE CULTIVOS

2.1 Principios de conservación de suelos y agua

La finalidad de las prácticas de conservación de suelos y agua es la de controlar o reducir la erosión del suelo causada por el agua o el viento. En el caso de la erosión hídrica, las partículas del suelo son primero separadas por las gotas de lluvia y arrastradas por los altos volúmenes/o altas velocidades del flujo de escorrentía. La erosión eólica se deriva de altas velocidades del viento al nivel de la superficie del terreno que se encuentra al descubierto.

Por lo tanto, los principales objetivos de las prácticas de control de la erosión hídrica son las de proteger la superficie del terreno del impacto de las gotas de lluvia, y reducir el volumen del agua de escorrentía usando coberturas vegetativas, y controlar o disminuir la velocidad del flujo de agua superficial. Las terrazas en contorno y de drenaje por diseño, desvían la escorrentía a una salida o un drenaje protegido. Las barreras vegetativas como las de vetiver plantadas en sentido contrario a la pendiente controlan la escorrentía, dispersándola y disminuyéndola en la medida que el flujo atraviesa la barrera. Debido a que el poder erosivo es proporcional a la velocidad del flujo del agua o del viento (la velocidad del agua que escurre en la ladera y la fuerza del viento), el principio más importante de la conservación del suelo es el de reducir la velocidad del agua y del viento. Cuando se instalan correctamente, las barreras de vetiver controlan de manera efectiva la erosión hídrica y la eólica.

El objetivo de las prácticas de conservación del agua es el de incrementar la infiltración del agua en el perfil del suelo. Este objetivo puede alcanzarse más fácilmente usando coberturas vegetales, y particularmente usando barreras vegetativas. Cuando se plantan en sentido perpendicular a la pendiente o en contorno, las densas barreras de vetiver forman un seto que permea lentamente, dispersa la escorrentía y reduce su velocidad. Esto permite más tiempo para que el suelo pueda absorber el agua y a la barrera de atrapar más sedimentos.

2.2 Características del vetiver apropiadas en prácticas de conservación de suelos y agua.

Las características únicas del vetiver que lo hacen particularmente importante para la conservación del suelo y del agua son:
- Sistema de raíces que amarra el suelo: raíces profundas, penetrantes, masivas, y fibrosas;
- Tallo erguido, firme que forma una barrera densa, que de manera efectiva retarda y dispersa el flujo del agua, reduciendo su poder erosivo;
- Tolerancia a toda clase de condiciones adversas del suelo, incluyendo suelos de ambientes sulfato ácidos, alcalinos, salinos y sódicos;
- Capacidad para soportar sumersión prolongada;
- Adaptabilidad a un amplio rango de condiciones climáticas; creciendo en las zonas frías de montaña en el norte y en condiciones extremadamente secas en las dunas de las zonas costeras centrales;
- Fácil propagación vegetativa;
- Esterilidad; florea, pero no produce semilla. Debido a que el vetiver(*C. zizanioides*) no tiene estolones ni rizomas invasores, permanece donde se siembra y no se convierte en maleza. A diferencia de *C. nemoralis*, el cual es nativo de Vietnam y produce semillas fértiles, *C zizanioides* es estéril y tiene un

sistema de raíces masivo. La Parte 1 de este manual describe en detalle las diferencias principales entre las dos especies[1]

- Su sistema de raíces verticales, el cual presenta muy poco crecimiento de raíces laterales. Esto asegura que la planta, al sembrarse en asociación, generalmente no compite con el cultivo principal por agua y nutrientes.

La Parte 1 de este manual trata las características del vetiver con más detalle. Esta parte se enfoca en el importante rol que juega en la agricultura por medio de las dos primeras características: el sistema de raíces que amarra el suelo y su capacidad de formar barreras densas. El resistente sistema de raíces del vetiver para el control de la erosión en tierras agrícolas no es igualado por ninguna otra planta. En tierras planas y en el lecho de las cárcavas, donde las velocidades de aguas embravecidas pueden ser devastadoras, las raíces profundas y fuertes del vetiver evitan que las plantas sean arrancadas. Este pasto puede soportar corrientes extremadamente fuertes. Además de reducir la erosión en tierras con pendiente, el sistema de raíces masivo del vetiver contribuye a la estabilidad de las pendientes Tal y como se describió en la parte 1, las raíces profundas y fibrosas reducen el riesgo de deslizamientos y colapsos.

Foto 1: Fuertes corrientes en esta área de drenaje en Australia acostó a los pastos nativos, dejando la barrera de vetiver inalterada; sus firmes tallos reducen la velocidad del agua y su poder erosivo.

Los tallos firmes forman una barrera densa que reduce la velocidad del agua, permitiendo un mayor tiempo al agua para que infiltre en el suelo, y cuando es necesario, desvía excesos de escorrentía. Este es el principio de control de erosión ¨paso de flujo¨ en tierras agrícolas en las planicies inundables y en las pendientes inclinadas de zonas de mucha lluvia.

2.3 Camellones en contorno o sistemas de terrazas versus el Sistema Vetiver ¨paso de flujo¨

Una revisión llevada a cabo por el Banco Mundial comparó la efectividad y practicidad de diferentes sistemas de conservación de suelos y agua. En esta encontraron que las estructuras construidas deben ser específicas para la localidad y requieren de un diseño e ingeniería precisos. Más aún, todos los sistemas duros requieren de mantenimiento periódico. Otras evidencias sugieren que los trabajos de ingeniería, reducen las pérdidas de suelo, pero no reducen la escorrentía significativamente. En algunos casos, tienen un impacto negativo en la humedad del suelo (Grimshaw 1988). Por otra parte, cuando se plantan los sistemas vegetativos en contorno o perpendiculares a la pendiente, se forma una barrera protectora sobre la pendiente que disminuye el agua de escorrentía y acumula depósitos de sedimentos. Debido a que las barreras solo filtran la escorrentía y a menudo no la desvían, el agua fluye atravesando la barrera, alcanzando el lado inferior de la pendiente a menor velocidad sin causar erosión y sin concentrarse en algún sector en particular. Este es el sistema ¨paso de flujo¨(Greenfield

---

1   Nota del traductor. Se hace referencia a zonas ubicadas en Vietnam

1989), un contraste definido con el sistema de la terraza en contorno/drenaje en el cual la escorrentía es colectada por las terrazas y desviada rápidamente del terreno para reducir su potencial erosivo. Debido a que toda el agua es colectada y concentrada en el drenaje es en este donde ocurre la mayor parte de la erosión en los terrenos agrícolas, en particular en tierras con pendiente, esta agua se pierde para siempre. El sistema ¨paso de flujo¨, por otra parte, conserva el agua y protege el suelo de pérdidas en los drenajes (Figura 1).

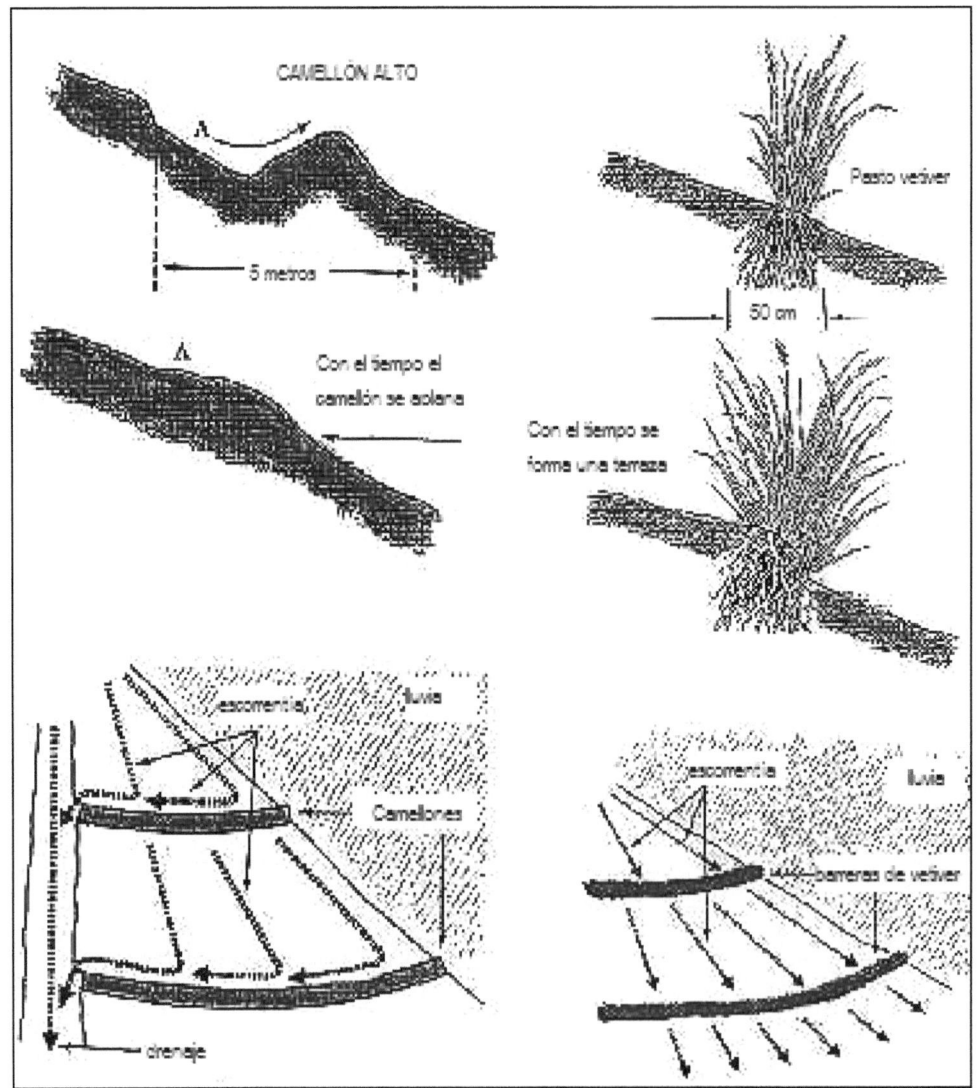

Figura 1: Arriba a la izquierda: camellón en contorno; abajo a la izquierda: camellones desvían el agua; arriba derecha: Barreras de Vetiver forman un camellón o terraza con el tiempo; abajo a la derecha: barreras de Vetiver disminuyen la escorrentía para incrementar la infiltración, de esta manera el agua permanece en el terreno (Greenfield 1989).

Esta práctica de conservación de agua es muy importante en zonas de baja precipitación, como en la zona central de Vietnam. De manera ideal, para un control efectivo de la erosión y la sedimentación, las especies usadas como barreras deben poseer las siguientes características (Smith y Srivastava 1989):
- Formar una barrera densa, erguida y firme, que ofrezca una alta resistencia al flujo de agua superficial, y posea raíces profundas y masivas que amarren el suelo y eviten la socavación y la formación de surcos cerca de la barrera.

- Sobrevivir a estrés hídrico y de nutrición y que este en capacidad de reactivar su crecimiento rápidamente al inicio de las lluvias.
- Afectar al mínimo los rendimientos del cultivo (la barrera no debe proliferar como una maleza ni competir por humedad, luz y nutrimentos, y no debe hospedar plagas ni enfermedades).
- Requerir tan solo una estrecha franja de terreno para ser efectiva.
- Suplir materiales y productos que tengan un valor económico para los agricultores.

El Vetiver posee todas esas características. De manera única, soporta condiciones áridas y húmedas, crece en algunas condiciones extremas de suelo, y sobrevive un amplio rango de temperaturas (Grimshaw 1988).

Foto 2: Izquierda: los fértiles sedimentos quedan depositados mientras el agua de la inundación pasa la barrera de vetiver; derecha: un saludable cultivo de sorgo, protegido por la barrera de vetiver, sobrevivió a la inundación en la planicie de Darling Downs, Australia.

2.4 Aplicaciones en planicies de inundación

El SV es una herramienta importante para controlar la erosión por inundación en todas las planicies de inundación de los principales ríos de Vietnam. Su uso no se restringe al Delta del Río Rojo en el norte y en el delta del Mekong en el sur. Su aplicación es particularmente importante en las provincias costeras centrales, dónde ocurren inundaciones súbitas regularmente con efectos devastadores, como en el caso de la planicie de inundación del río Lam en la provincia Nghe An.

Las barreras de vetiver en las planicies de inundación:
- Reducen la velocidad del flujo que puede acostar los cultivos, y el poder erosivo de la escorrentía.
- Atrapa suelos fértiles aluviales en el sitio, lo que mantiene la fertilidad de la planicie.
- Incrementa la infiltración en zonas de baja precipitación tales como la provincia Ninh Thuan.

El cultivo en franjas que incluye franjas amortiguadoras anchas (que pueden ocupar hasta un 30% de las tierras) entre cultivos utiliza un sistema de ¨paso de flujo¨ similar al que proveen las barreras de vetiver, pero no previene el acame de los cultivos, ya que no reduce la velocidad de la escorrentía. A diferencia de las barreras de vetiver, este sistema requiere una estricta secuencia de rotación de cultivos, por lo que no puede ser aplicado durante períodos de sequía porque los cultivos no pueden ser plantados. El cultivo en franjas ha sido utilizado exitosamente en las planicies inundables de la región de Darling Downs en Australia para mitigar daños por inundaciones y para controlar la erosión de los suelos en aquellos con poca pendiente en tierras sujetas a inundaciones con láminas de agua profundas.

En un campo de ensayos en Jondaryan (Darling Downs, Queensland, Australia), fueron sembradas seis hileras de vetiver en contorno totalizando más de 3000m y espaciadas a 90m. Estas hileras proveían una protección permanente en contra de las inundaciones. Los registros colectados de un pequeño flujo en el sitio mostraron que las barreras reducen significativamente la profundidad y la energía resultante del agua que fluye a través de las barreras. En una depresión baja, una simple hilera contuvo 7,25 t de sedimento. Los resultados de muchos años, incluyendo eventos de inundación mayores, confirman que el SV reduce exitosamente la velocidad del flujo y limita el movimiento del suelo, con muy poca erosión en las franjas sin cultivo (Truong et al. 1996, Dalton et al. 1996a y Dalton et al. 1996b). Este ensayo demostró que el SV es una alternativa viable a la práctica de cultivos en franjas en las planicies de inundación de Australia.

2.5 Aplicaciones en tierras en pendiente

En tierras agrícolas de la India con 1.7% de pendiente, barreras de vetiver en contorno redujeron la escorrentía (como porcentaje de la lluvia) de 23,3% (control) a 15,5% y las pérdidas de suelo de 14,4 t/ha a 3,9 t/ha, e incrementó los rendimientos del sorgo de 2,52 t/ha a 2,88 t/ha sobre un período de cuatro años. Los incrementos de los rendimientos se atribuyeron principalmente a la conservación en el sitio de suelo y agua a lo largo de la toposecuencia protegida por el sistema de barreras de vetiver (Truong 1993). Bajo condiciones de pequeñas parcelas en el Instituto Internacional de Cultivos en los Trópicos Semi Aridos (ICRISAT), las barreras de vetiver fueron más efectivas en controlar la escorrentía y las pérdidas de suelo que las barreras de pasto limoncillo o camellones de piedra. La escorrentía de las parcelas de vetiver fue solo el 44% en relación a la parcela control en una pendiente de 2,8% y de 16% en 0,6% de pendiente. En las parcelas con vetiver, se registró una reducción en promedio de 69% de la escorrentía y del 76% de las pérdidas de suelo, en comparación con las parcelas control (Rao et al. 1992).

Foto 3: Vetiver sembrado en pendientes muy inclinadas alrededor de 1,700 msnm. En el área de Munnar en Ghats del oeste en India estado de Kerala. Esta área donde se cultiva principalmente té sufre de erosión muy seria. Todos los estados en el área están adoptando ahora el Sistema Vetiver.

En Nigeria, se establecieron barreras de vetiver al final de parcelas de escorrentía de 20m (60') en 6% de pendiente durante tres temporadas de crecimiento para evaluar los efectos en las pérdidas de suelo y agua, retención de humedad en el suelo y rendimientos del cultivo. Los resultados indican que el vetiver estabilizó el suelo y las condiciones químicas a lo largo de los 20m (60') de parcela en la parte superior detrás de la barrera. Manejado en asociación con vetiver, los rendimientos del quinchoncho se incrementaron entre 11 y 26%, y con el maíz se incrementaron cerca de 50%. En parcelas de escorrentía comparables de 20m sin vetiver (control) las pérdidas de suelo y la escorrentía fueron 70% y 130% superiores, respectivamente. Las barreras de Vetiver, incrementaron la humedad almacenada en el suelo entre 1,9% y 50,1%, dependiendo de la profundidad. El contenido de nutrimentos en los suelos erosionados de las parcelas de control fue consistentemente más pobre que en las parcelas con vetiver, en las cuales la eficiencia del uso del nitrógeno fue mejorada alrededor de un 40%. Esta investigación demostró la utilidad de las barreras de vetiver como medida de conservación de suelos y agua en el ambiente de Nigeria (Babalola et al. 2003).

Se han reportado resultados similares en un rango de pendientes, tipos de suelos y cultivos en Venezuela e Indonesia En Natal, Sur África, las barreras de vetiver han remplazado los camellones en contorno y los drenajes en tierras inclinadas cultivadas con caña de azúcar, en las que los agricultores han concluído que el sistema vetiver es el más efectivo y la manera menos costosa de conservación de suelos y agua en el largo plazo (Grimshaw 1993). Un análisis beneficio/costo llevado a cabo en la cuenca Maheswaranen en la India consideró las estructuras de ingeniería y las barreras vegetativas de vetiver. El sistema vetiver fue calificado más rentable incluso durante las etapas iniciales debido a su eficiencia y bajo costo (Rao 1993).

En Australia, la investigación y desarrollo I&D durante los últimos 20 años ha confirmado los resultados de otros países, particularmente la efectividad del vetiver en la conservación de suelos y agua, la estabilización de cárcavas, la rehabilitación de tierras degradadas, y la detención de sedimentos en depresiones y drenajes. Además de estas aplicaciones, el vetiver ha demostrado su versatilidad en:

- Control de erosión por inundaciones en las planicies inundables de Darling Downs.
- Control de erosión en suelos sulfato ácidos.
- Remplazo de camellones en contorno en las tierras inclinadas cultivadas con caña de azúcar en el Norte de Queensland.

En Vietnam, la mayoría de las experiencias en las parcelas agrícolas con el Sistema Vetiver fue obtenida del proyecto con tapioca (yuca) (un proyecto de financiamiento Japonés denominado: 'Mejoramiento de la sustentabilidad de Sistemas de Cultivo basados en Tapioca(Yuca) en Asia incluyendo China, Tailandia y Vietnam, 1994-2003), llevado a cabo en colaboración con la Universidad Agrícola y Forestal de Tailandia (TUAF), el Instituto Nacional de Fertilidad de Suelos (NISF), y el Instituto de Ciencias Agrícolas de Vietnam (VASI, ahora VAAS). Este proyecto con agricultores en las zonas montañosas del norte en Yen Bai, Phu Tho, Tuyen Quang, y Thai Nguyen, en la parte montañosa de la provincia de Thua Thien Hue, y en el suroeste. Nota: La tapioca o yuca (*Manihot esculenta*) es uno de los cultivos comestibles más importantes en las regiones tropicales húmedas, pero como un cultivo tuberoso sembrado en monocultivo, es uno de los cultivos más erosivos en el mundo en desarrollo. De ahí la importancia de promover sistemas de producción de tapioca más sostenibles. En este proyecto los agricultores probaron diversas combinaciones de prácticas de conservación que incluyeron: 1. cultivos asociados (por ejemplo la siembra en contorno con maní), 2. introducción de material de siembra mejorado (variedades de poca ramificación para reducir el impacto de la lluvia) combinado con más fertilización (orgánica y química), y finalmente pero no menos importante, 3. barreras antierosión, donde la aplicación del SV probó ser una de las medidas más efectivas para reducir las pérdidas de suelo (ver proyecto tapioca CIAT).

2.6 Efectos en las pérdidas de suelo

Aún cuando reducir las pérdidas de suelo tiene sus propios méritos, los agricultores consideran su importancia, en última instancia, cuando se conserva la fertilidad del suelo en el terreno. Cuando los suelos de sus terrenos son profundos, es posible que los agricultores no valoren la conservación de los mismos ya que se requiere trabajo y se ocupan tierras valiosas. Sin embargo, dónde se practica agricultura intensiva, Dr. Pham Hong Duc Phuoc, Universidad de Nong Lam, lideriza investigaciones en las propiedades en en las propiedades en conservación del suelo del vetiver en plantaciones de café en tierras inclinadas en la provincia de Dong Ngai (suroeste de Vietnam).

Foto 4: Diferencias en pérdidas de suelo entre vetiver (izquierda) y Flemingia congesta, una leguminosa (derecha)

Foto 5: Esta barrera de vetiver en una pendiente del 20% en Fiji atrapó suficiente suelo para crear una terraza natural con 2m de escarpe durante un período de 30 años. Al mismo tiempo, esta redujo la escorrentía de la lluvia y la pérdida de nutrimentos resultando un aumento de los rendimientos de la caña de azucar.

Foto 6: Control de la erosión con vetiver en una plantación de café en las tierras altas centrales de Vietnam.

Cuadro 1: Efectos del SV en las pérdidas de suelo y agua en tierras agrícolas

Countries	Pérdidas de Suelo (t/ha)			Esc. (% de la lluvia)		
	Control	Convencional	SV	Control	Convencional	SV
Tailandia	3,9	7,3	2,5	1,2	1,4	0,8
Venezuela	95,0	88,7	20,2	64,1	50,0	21,9
Venezuela (15% pendiente)	16,8	12,0	1,1	88	76	72
Venezuela (26% pendiente)	35,5	16,1	4,9			
Vietnam	27,1	5,7	0,8			
Bangladesh		42	6-11			
India		25	2			

(Truong and Loch, 2004)

En Indonesia, la introducción del SV en las tierras agrícolas ha sido muy efectivo a través de huertos orgánicos en las escuelas en los programas educativos. En el proyecto con los pobres en Bali, el SV se planta con los niños en las escuelas en huertos, así como a lo largo de las carreteras locales. Estas destrezas son luego introducidas por los niños al volver a sus hogares.

Foto 7: Barreras de Vetiver protegiendo un huerto escolar orgánico en 50% de pendiente en el Proyecto con los Pobres al Este de Bali, Indonesia

2.7 Diseño y extensión: consideraciones de los agricultores

El uso del vetiver para controlar la erosión en las tierras agrícolas ha puesto una cosa en claro: los agricultores consideran muchos factores antes de decidir si utilizan y cómo utilizan el vetiver (Agrifood Consulting International, Marzo 2004). Investigar a los agricultores (agricultores acomodados que fueron subsidiados para llevar a cabo los ensayos) arroja algunas luces acerca de su razonamiento. Entre sus intereses, la adopción de variedades mejoradas y la fertilización química eran altos. Sus prioridades y deseos para adoptar el vetiver como principal práctica de conservación fueron diferentes que las de los agricultores no subsidiados.

Una vez que los agricultores entienden los principios del vetiver, y tienen la oportunidad de evaluar los impactos del SV en el corto y el largo plazo, estarán mucho más inclinados a adoptarlo. Por tanto, es importante colocar a los agricultores en el centro del enfoque, y anticipar que cada uno ajustará las recomendaciones (por ejemplo el distanciamiento recomendado) a sus propias circunstancias. Sabiendo esto, el agente de extensión de campo estará en mayor capacidad de aconsejar al agricultor y asegurar el éxito del sistema. El uso de insumos subsidiados o de otros incentivos materiales a los agricultores para que colaboren en ensayos del SV y su adopción no se recomienda, ya que esto afectará la repetitividad de los resultados.

Foto 8: Haciendo visible las pérdidas de suelo (proyecto tapioca CIAT). Nótese la diferencia en la escorrentía de la lluvia. Menos de la mitad en la trampa al fondo con la protección del vetiver.

La sguiente es una lista de verificación de la factibilidad de adopción del Sistema Vetiver para Conservación de Suelos y Agua:

A. Cuán importante es el problema de erosión del suelo?
- ¿ Cuán profundo es el perfil del suelo?
- ¿ Qué tan visible es la pérdida de suelo en el sitio y aguas abajo ?
- ¿ Cuál es la extensión o el valor de la pérdida de suelo? Si se aplican fertilizantes, los agricultores están más deseosos de esforzarse en proteger su inversión, y resistir pérdidas en la escorrentía o por lavado a capas más profundas (ej. las raíces profundas del vetiver pueden recuperar nitrógeno soluble que rápidamente se lava hasta capas inferiores inalcanzables)
- ¿ Dada la pendiente del terreno y la textura del suelo, ¿ Cuán erosionable es el suelo?
- ¿ Cómo se compara el SV con otros métodos de control de erosión (ej. surcado en contorno, lineas de piedras en contorno, mulch plástico, y plantas que ramifican bajo y tienen un dosel de cierre más rápido)?

B. ¿Cuán importante es el sistema de cultivo comparado con otras actividades de la unidad de producción?

Los agricultores están más interesados en invertir en prácticas de conservación que producen un cultivo rentable:
- ¿ Cuál es el valor relativo del terreno (deseo de invertir jornales, dinero)?
- ¿ Cuál es la posición general del agricultor? ¿ Cuantos jornales/dinero puede el/ella invertir en 3.
- esta parcela? ¿ Qué compite con su tiempo y dinero (ej. tierras de riego o trabajos externos)?
- ¿ Está el agricultor lo suficientemente seguro de la tenencia de la tierra para justificar esfuerzos de inversión en ella?
- ¿ La distancia de la casa a los campos justifica las inversiones en jornales?

- ¿ Puede el agricultor usar el vetiver en aplicaciones complementarias?
- ¿ Hay suficiente espacio de vivero para propagar el vetiver, o debe obtenerlo de otra forma?
- ¿ Qué políticas están en contra de aplicar medidas de conservación de suelos y agua?
- ¿ Qué limitaciones ecológicas afectan el uso del vetiver? (ej. El Vetiver no tolera la sombra; una vez establecido, sin embargo, la sombra es un problema menor).

Los agricultores están llamados a probar, comparar y combinar el SV con otras prácticas de conservación.

3. OTRAS APLICACIONES IMPORTANTES EN TIERRAS AGRÍCOLAS

3.1 Protección de cultivos: taladrador del tallo en maíz y arroz

Los taladradores del tallo atacan el maíz, sorgo, arroz, y millo en Africa y Asia. Las polillas ponen sus huevos en las hojas de los cultivos. El profesor Johnnie van den Berg, entomologo, (Escuela de Ciencias Ambientales y Desarrollo, Universidad Potchefstroom, Sur África.) encontró que las polillas prefieren poner sus huevos en las hojas del vetiver sembrado alrededor del cultivo en vez de hacerlo en el maíz o el arroz. Estando la opción, cerca de 90% de los huevos son colocados en el vetiver en lugar del cultivo. Esto se conoce como el sistema "empujar-halar" (Figura 2).

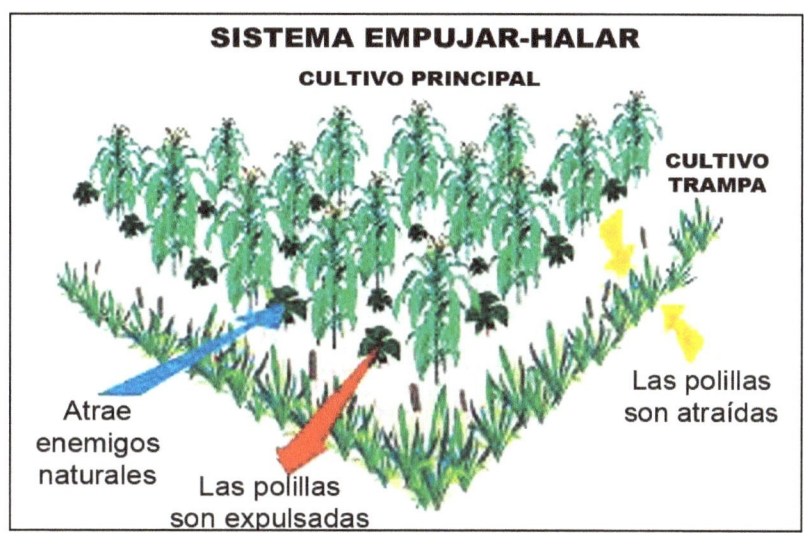

Figura 2: El sistema empujar-halar: el Vetiver atrae el insecto a poner huevos dónde tienen poco chance de sobrevivencia.

Debido a que las hojas del vetiver presentan pelos, las larvas que se adhieren a esta no pueden moverse fácilmente. La larva se cae de la planta y muere en el suelo, encontrándose una alta mortalidad cerca del 90%. El Vetiver también permite que muchos insectos útiles que son predadores de plagas que atacan cultivos habiten en él. En cooperación con el Dr. van den Berg, la universidad de Can Tho University está estudiando actualmente las aplicaciones prácticas de este efecto en arroz. Los resultados preliminares son muy promisorios. Van den Berg también reporta que el taladrador de la caña de azucar, *Eldana saccharina* prefiere poner sus huevos en el vetiver. En India *Chilo partellus* también se encuentra en la caña. Las barreras de pasto Vetiver proveen un hábitat muy bueno para insectos beneficiosos como *Chrysopidae sp*. y otros insectos benéficos. El Vetiver por si solo no es suficiente para controlar las plagas y debe ser parte de un paquete MIP (manejo integrado de plagas) que gestione la salud del cultivo.

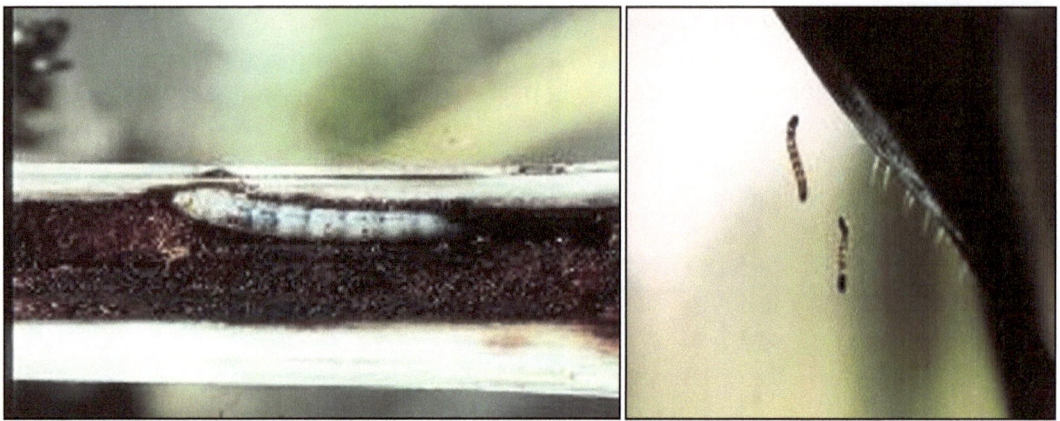

Foto 9: Izquierda., Taladrador del tallo (*Chilo partellus) en maíz*; (derecha) los pelos del Vetiver lo hacen un hospedero indeseable; los taladradores del tallo se caen y mueren en el suelo.

Foto 10: Control del taladrador del tallo en maíz (Tierra Zulu, Sur África).

3.2 Alimentación animal

Las hojas del Vetiver son un forraje apetecible y fácilmente consumido por vacas, chivos y ovejas. El cuadro 2 compara el valor nutricional del vetiver en relación a otros pastos subtropicales en Australia. El pasto vetiver joven es bastante nutritivo, y es comparable con los pastos Rhodes y Kikuyo maduros. Sin embargo, el valor nutritivo del pasto vetiver maduro es bajo, y con escasas proteínas crudas.

Un estudio en Vietnam (Nguyen Van Hon, 2004) muestra que las hojas jóvenes del pasto vetiver pueden remplazar parcialmente hojas maduras del pasto *Brachiaria mutica* como alimento para chivos en crecimiento.

Las hojas del Vetiver son generalmente un producto adicional a las medidas de conservación de suelos y agua. Las hojas del vetiver son nutritivas cuando son cortadas (podadas) en intervalos de entre uno y tres meses, dependiendo de las condiciones climáticas. Su contenido nutritivo, como muchos pastos tropicales, varía de acuerdo a la temporada, estado de crecimiento y fertilidad del suelo. En la India, cuando el vetiver es cortado mediante una cortadora manual de forraje, los búfalos domésticos encuentran el pasto totalmente palatable. Cuando el vetiver se utiliza para otros propósitos, el forraje puede significar un valor añadido. Luego de un invierno extremadamente duro en la provincia de Quang Binh, el vetiver era el único forraje verde disponible.

Más aún, el pasto vetiver creciendo en desechos de granjas de cerdos contiene altos niveles de proteína cruda, carotenos y luteína, relativamente bajos contenidos de Ca, Fe, Cu, Mn y Zn, y niveles aceptables de metales pesados, Pb, As y Cd (Pingxiang Liu 2003).

Cuadro 2: Valor nutricional de los pastos Vetiver, Rhodes y Kikuyo en Australia.

Análisis	Unidades	Pasto Vetiver			Rhodes	Kikuyo
		Joven	Maduro	Viejo	Maduro	Maduro
Energía (ruminante)	kCal/kg	522	706	969	563	391
Digestibilidad	%	51	50	-	44	47
Proteina	%	13,1	7,93	6,66	9,89	17,9
Grasa	%	3,05	1,30	1,40	1,11	2,56
Calcio	%	0,33	0,24	0,31	0,35	0,33
Magnesio	%	0,19	0,13	0,16	0,13	0,19
Sodio	%	0,12	0,16	0,14	0,16	0,11
Potasio	%	1,51	1,36	1,48	1,61	2,84
Fósforo	%	0,12	0,06	0,10	0.11	0,43
Hierro	mg/kg	186	99	81,40	110	109
Cobrer	mg/kg	16,5	4,0	10,90	7,23	4,51
Manganeso	mg/kg	637	532	348	326	52,4
Zinc	mg/kg	26,5	17,5	27,80	40,3	34,1

El Vetiver puede crecer bajo niveles muy altos de nitrógeno (tanto como 10.000 kg de N por ha). Cuando el vetiver es una parte integral de un humedal construido para tratamiento de desechos (animales y humanos) puede rendir hasta 100 t de materia seca por ha y es alto en nutrientes.

El Vetiver también crece bien en suelos salinizados, si el área tiene una mesa de agua alta como es el caso en parte de la India en los estados de Haryana and Punjab, con un potencial de rendimientos de material seca de 70 t por ha de forraje.

El potencial como forraje del Vetiver se verá beneficiado de investigaciones posteriores tanto de manejo del pasto como forraje como en la identificación de cultivares que sean más aptos para la alimentación animal.

Foto 11: Izquierda: un búfalo pasta en un vetiver al borde de un dique; derecha: vacas comiendo vetiver joven.

3.3 Mulch para controlar malezas y conservar el agua

Debido a un contenido de sílice superior al de otros pastos tropicales, como el *Imperata cylindrica*, los residuos de vetiver tardan más en descomponerse. Esto hace al vetiver ideal para ser usado como mulch(residuos en la superficie) y material para hacer techos de paja (como techo este no alberga insectos).

Control de malezas: Cuando se distribuye uniformemente en el terreno, frescas o desecadas las hojas de vetiver forman un colchón grueso que suprime las malezas. El mulch de Vetiver controla malezas en plantaciones de café y cacao en las tierras altas centrales y en plantaciones de té en la India. Al mismo tiempo, el mulch al descomponerse, construye suelo orgánico rápidamente y mejora los nutrientes en el suelo tomando nutrientes de capas profundas que normalmente no están disponibles a otras plantas.

Foto 12: El Vetiver controla la erosión y su mulch suprime malezas en plantaciones de caféen las tierras altas centrales.

Foto 13: El mulch del Vetiver controla malezas en una plantación de té, sur de la India (P Haridas).

Conservación de agua: La gruesa cobertura del mulch de vetiver incrementa infiltración del agua y reduce la evaporación, muy importante bajo las condiciones secas y calientes de las provincias costeras como Ninh Thuan. Este también protege la superficie del suelo del impacto de las gotas, una de las causas principales de la erosión.

4. REHABILITACIÓN DE TIERRAS AGRÍCOLAS Y PROTECCIÓN DE COMUNIDADES DE REFUGIADOS POR INUNDACIONES

4.1 Estabilización de dunas de arena Las dunas de arena ocupan más de 70.000 ha (172.974 acres) a lo largo de la costa de Vietnam Central. Estas dunas son muy móviles debido a los vientos fuertes y muy erosionables durante lluvias intensas. Sin estabilizarse, la arena invade tierras de valor agrícola, destruyendo cultivos y obstruyendo ríos y quebradas. Como consecuencia, los agricultores locales sufren grandes pérdidas. Los métodos tradicionales para detener el movimiento de las dunas, que incluyen la plantación de árboles de *Casuarina* y piña silvestre, y la construcción de pequeños diques hechos de arena no han sido efectivos. La plantación de barreras de vetiver ofrece la mejor alternativa hasta el momento.

El estudio de caso siguiente ilustra el problema: En la provincia Quang Binh la base de la pendiente de una duna de arena se erosionó severamente por un meandro de un cauce que sirve de lindero natural entre las dunas y un vivero forestal empresarial. El cauce socavó la base de la duna, transportó la arena y la depositó en tierras agrícolas de regadío aguas abajo. Los agricultores, que trataron de desviar el cauce con diques construidos con arena, tuvieron éxito solo en transferir el problema a otros agricultores. Esta situación causó conflictos entre los agricultores, y debido a que el cauce ha sido desviado desde el vivero hacia la duna, también se presentan conflictos con la empresa.

Se plantaron cuatro hileras de vetiver en líneas de contorno sobre la pendiente de la duna de arena, empezando en el borde del cauce. Después de solo cuatro meses, las plantas habían formado barreras densas y estabilizaron la base de la duna. La empresa forestal estaba tan impactada con estos resultados que plantó en forma masiva el pasto en otras dunas e incluso lo utilizó para proteger los pilares de un puente. El pasto también impactó a los lugareños al sobrevivir durante el invierno más frío de los últimos diez años, con temperaturas inferiores a 10°C, una temporada fría que obligó a los agricultores a resembrar el arroz dos veces y las *Casuarina sp.* Después de dos años, las especies locales como la *Casuarina sp.* y las piñas silvestres se restablecieron por sí mismas entre las barreras de vetiver. Bajo la sombra de los árboles nativos, el pasto desapareció, habiendo cumplido su misión. El proyecto probó nuevamente que el vetiver puede soportar condiciones hostiles de suelo y clima.

Muchos aspectos deben considerarse cuando se protegen las pendientes de las dunas:
1. Evaluar y planificar conjuntamente con las comunidades es muy importante ya que estas pueden:
    i)   suministrar ideas valiosas durante la planificación.
    ii)   contribuir financieramente.
    iii)   suministrar mano de obra para la implementación.
    iv)   proteger y mantener las plantas.
    v)   beneficiarse de los empleos relacionados con el establecimiento y mantenimiento del sitio.
2. Entrenamiento de personas de la localidad: Cuando se enseña a las personas de la localidad acerca de la multiplicación, siembra y mantenimiento del vetiver, y se da información y se instruye sobre sus usos complementarios o alternativos (forraje, artesanías).
3. Propagación: Los viveros locales pueden ser contratados para propagar vetiver y suplir hijos a raíz desnuda para su establecimiento.
4. Mantenimiento y monitoreo: La comunidad local puede hacer seguimiento y mantenimiento de las plantas. Las arenas invasoras, algunas veces entierran o arrancan las plantas jóvenes, de modo que mantenimiento es importante.

Las fotos 14 y 15 presentan barreras comunitarias de vetiver en dunas del distrito Le Thuy y en la provincia Quang Binh . El Vetiver es igualmente efectivo en reducir las nubes de arena. Para este uso, el pasto debe ser sembrado en sentido contrario a la dirección del viento, especialmente en los tramos entre las dunas, dónde la velocidad del viento normalmente se incrementa. Este uso ha sido probado en las dunas costeras de Senegal - foto 16, asi como en la isla Pintang Island, fuera de la costa este de China.

Foto 14: Inicios de Abril 2002 – vetiver después de un mes de sembrado. Nota: Se colocó mulch sobre la hilera superior (Izquierda). Mediados de Octubre 2002 (siete meses): las casuarinas se ha restablecido entre las barreras de vetiver (derecha).

Foto 15: Se muestra la forma en que la comunidad local ha extendido la práctica, con apoyo de forestales locales. Febrero 2003: barreras establecidas en Octubre 2002 sobrevivieron el frío invierno en Quang Binh.

Foto 16: El Vetiver protege las dunas en la playa de un resort en Senegal (izquierda) y en la isla Pingtang, China (derecha) de la erosión eólica. También forma una barrera rompeviento para proteger las plantas jóvenes.

4.2 Mejoramiento de la Productividad en suelos arenosos y salino sódicos en condiciones semiáridas

En el centro sur de Vietnam, Ninh Thuan y Binh Thuan son dos provincias costeras que comparten una condición climática particular. Aunque ambas están situadas en la costa, ellas experimentan condiciones semi áridas, con precipitaciones anuales entre 200-300mm (8-12"). Esto implica una escasez extrema de agua dulce para la cría de animales y la siembra de cultivos.

El "suelo" de las dunas costeras es salino, alcalino, y sódico, con una delgada capa compacta de yeso (sódico-petrocálcica) justo debajo del horizonte superficial. La producción agrícola en la región es muy limitada, debido en parte a las pobres condiciones de los suelos (la capa de yeso impide la penetración de las raíces hacia las capas inferiores más húmedas) y en parte a la falta de lluvias. Las dunas costeras son susceptibles a la erosión hídrica cuando llueve y a la erosión eólica, por lo que la vegetación y el forraje se encuentran dispersos para el ganado. Estos factores contribuyen a la pobreza y dificultades extremas a las que se encuentra sometida la población local.

Foto 17: Las raíces de Vetiver penetraron la barrera compacta de yeso para alcanzar el agua más profunda del terreno.

Del 2003 al 2005, el Profesor Le Van Du y sus estudiantes de la Universidad de Agroforestería en la ciudad de Ho Chi Minh plantaron vetiver en estos suelos salino sódicos para determinar si el SV podría mejorar la productividad de la agricultura en condiciones tipo desérticas. Ellos aprendieron que, una vez establecido usando riego al principio, el vetiver crece excepcionalmente bien. Durante los primeros dos meses, el vetiver creció de dos a tres veces más rápido que cualquier otro cultivo, produciendo una biomasa fresca de 12 t en suelos arenosos no salinos (96% arena) y 25 tons en suelos alcalinos salino sódicos. En tres meses, sus raíces penetraron 70 cm (26,5"), atravesando la capa compacta de yeso, alcanzando la humedad de capas inferiores, que el maíz, la vid, y otras plantas no pueden alcanzar. Los investigadores notaron una gran mejora de la fertilidad del suelo después de solo tres meses, específicamente que las sales solubles y el pH se habían reducido. Aunque el pH apenas se había modificado después de tres años de cultivo de la vid, después de establecerse el vetiver el pH del suelo había declinado hasta dos unidades del horizonte superficial hasta una profundidad de 1m (3'), y el contenido de sales se disolvió. La reducción del contenido de sodio en más de la mitad mejoró dramáticamente la productividad de los cultivos locales como el maíz y la vid.

Foto 18: Izquierda: Suelo arenoso en su estado original; derecha: el mismo suelo, ahora utilizado para un viñedo, luego de ser rehabilitado usando mulch de vetiver.

4.3 Control de erosión en suelos extremadamente sulfato ácidos

El desarrollo de la agricultura y de la acuacultura en regiones con suelos sulfato ácidos requiere de sistema de riego y drenaje efectivos y estables. Los residentes de estas áreas normalmente usan los suelos locales (alto contenido de arcilla, pH bajo, alta toxicidad) para construir la infraestructura, la cual es susceptible a la erosión del suelo ya que no puede sostener casi ningún tipo de vegetación. Debido a que las zonas sulfato ácidas son bajas en topografía y sujetas a inundaciones anuales, las comunidades locales sufren penurias extremas.

Estos suelos, encontrados en diferentes regiones, comparten características comunes: extremadamente sulfato ácidos, pH entre 2,0 y 3,0 en la temporada seca, y altos niveles de Al, Fe, y SO_4^2. El alto contenido de arcilla del suelo causa la formación de grietas en la medida que se seca, dejando grandes huecos que dejan entrar el agua, y que causan erosión durante la temporada de lluvias e inundaciones. Como consecuencia, solo unas pocas plantas endémicas pueden establecerse y sobrevivir durante la temporada seca, incluyendo aquellas especies consideradas localmente tolerantes.

Foto 19: Antes y después de la instalación de vetiver en suelos extremadamente sulfato ácidos en un terraplén en la provincia Tien Giang province, Vietnam.

El Vetiver ha estabilizado terraplenes y controlado la erosión de taludes de canales en cinco localidades de Vietnam con suelos extremadamente sulfato ácidos: un dique de protección de inundaciones (protegiendo una comunidad de refugiados de inundaciones) en la provincia de Tien Giang, tres en la provincia Long An, y una sección de un dique de protección de inundaciones cerca de la ciudad de Ho Chi Minh.

El vetiver se establece fácilmente en los suelos sulfato ácidos, al ser sembrado de plantas desarrolladas en contenedores,. Sin embargo, ninguna planta de vetiver sobrevivió cuando se plantó con hijos a raíz desnuda, y más del 80 % de hijos a raíz desnuda sobrevivieron y crecieron normalmente en el mismo suelo cuando se añadió previamente en los surcos de siembra una pequeña cantidad de cal, suelo de buena calidad o estiércol.

Los siguientes resultados fueron registrados:
- Durante catorce meses, una vez que se estableció, el vetiver redujo marcadamente las pérdidas de suelo por erosión. Los taludes desprotegidos de los canales pierden suelo a una tasa de 400-750 t/ha, en comparación con solo 50-100 t/ha en un terraplén de canal protegido con vetiver.
- Después de 12 meses, las pérdidas de suelo se han hecho despreciables.
- Los taludes fueron completamente estabilizados cuando el vetiver fue podado a 20-30cm (8"-12") y los residuos fueron usados como mulch cubriendo el área desprotegida (Le van Du y Truong, 2006).

4.4 Protección de Comunidades de Refugiados de Inundaciones o Agrupaciones de Población

Grandes inundaciones ocurren anualmente en muchas provincias del Delta del Mekongal sur de Vietnam. Estas inundaciones son normalmente de hasta 6-8m (18-24') en profundidad y pueden durar entre tres y cuatro meses. Como resultado, las viviendas se inundan todos los años a menos que estén protegidas por un sistema de diques adecuado. Los agricultores de subsistencia tienen que reconstruir sus viviendas cada año, a un nivel de sacrificios personal muy alto.

Para superar este problema, los gobiernos locales designaron comunidades de refugiados o agrupaciones de población en terrenos relativamente altos cuyo nivel se ha elevado con material de los suelos circundantes. Aunque estas áreas construidas son suficientemente altas para escapar de las inundaciones anuales prolongadas, sus taludes son muy erosionables y requieren protección de las fuertes corrientes y oleaje durante la temporada de inundaciones. Las barreras de vetiver han sido muy efectivas en proteger estas comunidades en contra de la erosión por inundaciones, con el beneficio añadido del tratamiento de los efluentes y aguas servidas de las comunidades durante la temporada seca.

4.5 Protección de la infraestructura en las tierras agrícolas

El SV es ampliamente utilizado para proteger la infraestructura en tierras agrícolas estabilizando represas, diques de acuacultura, y carreteras rurales entre otras aplicaciones. La foto 21 muestra el vetiver reduciendo el impacto de una cárcava que drena agua de las tierras agrícolas temporalmente inundadas (fondo) hacia el río. Debido a que la cárcava también amenaza el estanque de camarones (derecha), el vetiver también protege los taludes del estanque, especialmente en el área dónde el agricultor drena el agua desde el estanque a la cárcava, que es el punto más vulnerable.

Foto 20: Izquierda: Comunidad de Refugiados de Inundaciones (Agrupación de Población) en el Distrito Tan Chau, y en la Provincia Giang; (derecha) el terraplén del área de la Agrupación de Población.

Foto 21: El Vetiver protege un estanque de camarones cerca de una cárcava natural que drena el agua en un río (Provincia Da Nang); este modelo fue establecido como parte del primer proyecto con vetiver financiado por la Real Embajada de Los Países Bajos en Vietnam.

El Vetiver estabiliza los taludes que bordean las carreteras y los ríos, previniendo los movimientos en masa en regiones montañosas y la erosión de banco de río en las planicies de inundación. En Filipinas y en India, el vetiver es usado también ampliamente para estabilizar los estrechos diques que separan las siembras de arroz inundado en tierras de pendiente.

Estas plantaciones refuerzan los lados lde estos diques y como resultado reducen el ancho de los mismos, liberando tierras que se hacen disponible para los cultivos. Un valor añadido es que la plantación suplirá forraje para las vacas y los búfalos durante la temporada seca. La PARTE 3 trata la protección de banco de río con más detalles.

Foto 22: El Vetiver, instalado en un patrón entrecruzado, protege los diques de estanques de camarones en Quang Ngai.

Foto 23: La sección derecha de esta carretera rural en Quang Ngai está protegida por vetiver; la sección izquierda esta desprotegida.

5. OTROS USOS

5.1 Artesanía

Las comunidades rurales en Tailandia, Indonesia, Filipinas, Latino América, y África usan las hojas del vetiver para producir artesanías de alta calidad, un medio muy importante para generar ingresos. Una publicación sobre la artesanía y el vetiver en Tailandia "Vetiver Handicrafts in Thailand," publicada por la Red del Vetiver Pacific Rim Vetiver Network (1999), es un manual bien ilustrado para este uso. Las referencias al final de esta Parte suministra detalles de cómo obtener este manual.

La Oficina Real de Desarrollo de Proyectos de Tailandia (The Royal Development Projects Board of Thailand) ofrece entrenamiento gratis a participantes extranjeros para la realización de artesanías con vetiver.

Foto 24: Artesanía tailandesa típica promovida por la Oficina Real de Desarrollo de Proyectos de Tailandia.

Foto 25: Artesanías de Vetiver de Mali realizadas tejiendo hojas de vetiver en un tejido" fabric" para almohadas y cobijas.

Foto 26: Artesanía de Vetiver hecha por una cooperativa de mujeres en Venezuela apoyada por la Fundación Empresas POLAR.

5.2 Techado con Paja

Las hojas de Vetiver para techado duran más tiempo que las de *Imperata cylindrica (hierba cogon)*, al menos el doble según los agricultores de Tailandia, África e islas del Pacífico Sur, haciéndolas particularmente aptas para su uso en ladrillos y techos. Los usuarios reportan que las hojas repelen las termitas.

Foto 27: Techado de paja de Vetiver en Venezuela.

Foto 28: Izquierda a derecha: Techos empajados con Vetiver en Fiji, Vietnam y Zimbabwe.

5.3 Construyendo ladrillos de barro

La paja del Vetiver es usada ampliamente en Senegal, África, para hacer ladrillos de barro que resisten el agrietamiento. La construcción de casas en Tailandia usa ladrillos y columnas hechas con arcilla compuesta a la que se añaden hojas de Vetiver. Estos materiales de construcción tienen una conductividad térmica bastante baja, lo que hace a las construcciones resultantes confortables y eficientes energéticamente, así como una tecnología apropiada basada en el trabajo manual.

5.4 Cuerdas y mecates

Los agricultores que siembran arroz, el cultivo principal en el Delta del Mekong han descubierto otro uso para las hojas del vetiver, una cuerda para amarrar las plántulas de arroz y los haces de paja de arroz. Ellos prefieren las cuerdas de vetiver porque es fuerte y flexible, incluso más flexible y fuerte que las de banana, el junco y la palma Nipa comúnmente usadas.

Foto 29: Izquierda: Hojas de vetiver refuerzan una estructura de madera a lo largo de un río; derecha: las hojas del vetiver cortadas sirven como cuerda para atar haces de paja de arroz

5.5 Ornamental

El vetiver maduro tiene unas inflorescencias púrpura de tono suave muy bonitas, que pueden ser usadas como flores de corte, como plantas de pote o paisajismo en jardines y otros espacios abiertos como lagos y parques.

Foto 30: Vetiver bordeando un lago en un suburbio de lujo (Brisbane, Australia)

Foto 31 Diferentes aplicaciones ornamentales en Australia, China y Vietnam.

5.6 Extracción de aceites con fines medicinales y cosméticos

En África, India y Sur América, las raíces de vetiver son usadas ampliamente para fines medicinales, desde tratamientos del refriado común hasta cáncer. Investigaciones en EEUU confirman que el extracto de aceite de la raíz del vetiver tiene características antioxidantes con aplicaciones para la reducción/prevención del cáncer. En India y Tailandia, prácticos de la salud usan el aceite de vetiver extensivamente en aplicaciones de aromaterapia debido a sus documentados efectos calmantes.

Aplicaciones en perfumería:
- El aceite esencial puro (perfume por derecho propio) - conocido como Ruh Khus, Majmua. Gracias a su baja volatilidad el aceite provee una base para que otras fragancias se adhieran al Vetiverol,
- sustancia de aroma débil y alta solubilidad en alcoholes, la cual rinde como fijador y por sus cualidades de mezcla
- Formas diluidas - usos como saboreador, refrescante y refrigerante (colonias, agua de toilette).

Aromaterapia medicinal:
- Cuidados de la piel y beneficios al sistema nervioso central.
- Detiene el sangrado de la nariz y sirve para el tratamiento de picadas de abejas.

Cuadro 3: Producción mundial y usos del aceite de la raíz del vetiver. Composición química y aplicaciones del aceite de vetiver.

Aceite de la raíz del vetiver: Aceite de vetiver U.C. Lavania Instituto Central de Plantas Medicinales & Aromáticas, Lucknow (India)	
Producción global anual de aceite de vetiver	250 t
Precio estimado	US $ 80 / kg
Principales países productores de aceite	Haití, Indonesia (Java), China, India, Brasil, Japón
Principales consumidores	EEUU, Europa, Francia, India y Japón
Usos principales	Perfumería (perfumes, mezclas y fijativos) Sabores, Cosméticos, Gomas de mascar
Raíces como tal	Múltiples aplicaciones como refrigerante

6. REFERENCIAS

Agrifood Consulting International, Marzo 2004. Integrating Germplasm, Natural Resource, and Institutional Innovations to Enhance Impact: The Case of Cassava-Based Cropping Systems Research in Asia, CIAT-PRGA Impact Case Study. A Report Prepared for CIAT-PRGA.

Babalola,O., Jimba, J.C., Maduakolam,O. y Dada, O.A. (2003). Use of vetiver grass for soil and water conservation in Nigeria. Proc. Third Intern. Conf . on vetiver and Exhibition. p293-309. Guangzhou, China, Octubre 2003.

Berg, van den, Johan, 2003. Can vetiver Grass be Used to Manage Insect Pests on Crops? Proc. Third International Vetiver Conf. China, October 2003. Email: drkjvdb@puk.ac.za.

Chomchalow, Narong, 2005. Review and Update of the Vetiver System R&D in Thailand. Summary for the Regional Conference on vetiver 'Vetiver System: disaster mitigation and environmental protection in Viet Nam', Can Tho City, Viet Nam, Enero, 2006.

Chomchalow, Narong, y Keith Chapman, (2003). Other Uses and Utilization of Vetiver. Pro. ICV3, Guangzhou, China, 2003.

CIAT-PRGA, 2004. Impact of Participatory Natural Resource Management Research in Cassava-Based Cropping Systems in Vietnam and Thailand. Impact Case Study. DRAFT submitted to SPIA, Septiembre 7, 2004.

Greenfield, J.C. 1989. ASTAG Tech. Papers. World Bank, Washington D.C.

Grimshaw, R.G. 1988. ASTAG Tech. Papers. World Bank, Washington.

Le Van Du and P. Truong (2006). Vetiver grass for sustainable agriculture on adverse soils and climate in South Vietnam. Proc. Fourth International Vetiver Conf. Venezuela, Octubre 2006.

Nguyen Van Hon et al., 2004. Digestibility of nutrient content of vetiver grass (*vetiveria zizanioides*) by goats raised in the Mekong Delta, Vietnam.

Nippon Foundation, 2003. From the project 'Enhancing the Sustainability of Cassava-based Cropping Systems in Asia'. On-farm soil erosion control: Vetiver System on-farm, a participatory approach to enhance sustainable cassava production. Proceedings from International workshop of the 1994-2003 project in SE Asia (Viet Nam, Tailandia, Indonesia & China).

Pacific Rim Vetiver Network, October 1999. Vetiver Handicrafts in Thailand, practical guideline. Technical Bulletin No. 1999/1. Published by Department of Industrial Promotion of the Royal Thai Government (Office of the Royal Development Projects Board), Bangkok, Tailandia. Para copias escribir a: The Secretariat, Office of the Pacific Rim Vetiver Network, c/o Office of the Royal Development Projects Board, 78 Rajdamnem Nok Avenue, Dusit, Bangkok 10200, Tailandia (tel. (66-2) 2806193 email: pasiri@mail.rdpb.go.th

Pham H. D. Phuoc, 2002. Using Vetiver to control soil erosion and its effect on growth of cocoa on sloping land. Nong Lam Univ., HCMC, Vietnam.

Pingxiang Liu, Chuntian Zheng, Yincai Lin, Fuhe Luo, Xiaoliang Lu, y Deqian Yu (2003): Dynamic State of Nutrient Contents of Vetiver Grass. Proc. Third International Vetiver Conf. China, 2003.

Tran Tan Van et al. (2002). Report on geo-hazards in 8 coastal provinces of Central Vietnam - current situation, forecast zoning and recommendation of remedial measures. Archive Ministry of Natural Resources and Environment, Hanoi, Vietnam.

Tran Tan Van, Elise Pinners, Paul Truong (2003). Some results of the trial application of vetiver grass for sand fly, sand flow and river bank erosion control in Central Vietnam. Proc. Third International Vetiver Conf. China, 2003.

Tran Tan Van y Pinners, Elise, 2003. Introduction of vetiver grass technology (Vetiver System) to protect irrigated, flood prone areas in Central Coastal Viet Nam, Reporte final, para la Real Embajada de los Países Bajos, Hanoi.

Truong, P. N. (1998).Vetiver Grass Technology as a bio-engineering tool for infrastructure protection. Proceedings of North Region Symposium. Queensland Department of Main Roads, Cairns 1998.

Truong, P. N. y Baker, D. E. (1998). Vetiver Grass System for Environmental Protection. Technical Bulletin No. 1998/1. Pacific Rim Vetiver Network. Office of the Royal Development Projects Board, Bangkok, Tailandia.

Truong, P. y Loch R. (2004). Vetiver System for erosion and sediment control. Proceedings of 13th Int. Soil Conservation Organization Conference, Brisbane, Australia, Julio 2004.

www.ingramcontent.com/pod-product-compliance
Lightning Source LLC
Chambersburg PA
CBHW050728180526
45159CB00003B/1160